水浒智慧 4

赵玉平 著

电子工业出版社
Publishing House of Electronics Industry
北京·BEIJING

未经许可,不得以任何方式复制或抄袭本书之部分或全部内容。
版权所有,侵权必究。

图书在版编目(CIP)数据

水浒智慧 . 4/ 赵玉平著 . —北京:电子工业出版社,2022.10
ISBN 978-7-121-43373-3

Ⅰ.①水… Ⅱ.①赵… Ⅲ.①人生哲学－通俗读物 Ⅳ.① B821-49

中国版本图书馆 CIP 数据核字(2022)第 073656 号

责任编辑:张 冉
文字编辑:杜 皎
印　　刷:三河市华成印务有限公司
装　　订:三河市华成印务有限公司
出版发行:电子工业出版社
　　　　　北京市海淀区万寿路 173 信箱　　邮编:100036
开　　本:720×1000　1/16　印张:13.75　字数:194 千字
版　　次:2022 年 10 月第 1 版
印　　次:2025 年 4 月第 9 次印刷
定　　价:69.00 元

凡所购买电子工业出版社图书有缺损问题,请向购买书店调换。若书店售缺,请与本社发行部联系,联系及邮购电话:(010)88254888,88258888。
质量投诉请发邮件至 zlts@phei.com.cn,盗版侵权举报请发邮件至 dbqq@phei.com.cn。
本书咨询联系方式:(010)88254439,zhangran@phei.com.cn,微信号:yingxianglibook。

序言

换个思路读水浒，换个角度品人生

写书就像怀孕，结果是惊喜的，但酝酿的过程充满艰辛，个中滋味只有自己知道。写书就像熬粥，重点就是一个字"熬"！

在百家讲坛前后讲了四个主题的《水浒智慧》，分别是：第一部梁山头领那些事儿、第二部英雄是怎样炼成的、第三部好汉的成长故事、第四部梁山能人启示录。前后历时五年多时间，几经挫折，峰回路转，柳暗花明，熬过了无数个不眠之夜（五年里为此熬过的通宵竟有150多个）。

特别清晰地记得一个深秋的傍晚，下了一点雨夹雪，我从北邮宏福校区教二楼出来，百家讲坛的李锋老师给我打电话，我们开始商量选题是三国、水浒，还是隋唐，此后又和电子工业出版社的李影老师商量书稿的具体问题。一转眼，十多年时间过去了，三国系列和水浒系列的书已经写成了八本，当年教二楼里带过的那些十八九岁的青涩本科生，现在都已过了而立之年，楼前的小树也已经长得沧桑而粗壮，时间过得真快啊！

去年秋天，我的抖音号粉丝突破500万了。在一段时间里，抖音后台每天都有铺天盖地的留言，其中也包含各种各样关于水浒故事的探讨，话题涉及人物故事的来龙去脉，还涉及领导力问题、情感问题、权威问题、待遇问题、颜值问题等。水浒故事让每个人都品出了不一样的人生滋味。

《水浒传》是中国历史上第一部描写农民起义的长篇小说,它是一部上百年时间里集体创作出来的作品。南宋时,梁山英雄故事流传甚广。《水浒传》最早的蓝本是宋人的《大宋宣和遗事》。在元杂剧中,梁山英雄已由三十六人发展到一百零八人,水浒故事传到元末,大致形成了今本《水浒传》的规模,祖籍苏州的小说家施耐庵(1296—1370)三十五岁中进士后弃官退居故乡从事创作。《水浒传》的结构独具一格,先以单个英雄故事为主体,上一个人物故事结束时,由事件和场景的转换牵出另一个人物,因人生事,开始下一个故事。人物与人物,故事与故事,环环相扣,环环相生。

在外文的译本当中,《水浒传》有各种奇葩的名字。19世纪初,水浒故事开始传入欧美,最早的德文译名是《强盗与士兵》,法文译名是《中国的勇士们》。英文译本有多种,最早的七十回译本定名为 Water Margin(意为"水边"),由于出现最早和最贴近原名,这个译名往往被认为是标准译名。美国女作家、1938年诺贝尔文学奖得主赛珍珠将《水浒传》翻译为 All Men Are Brothers(《四海之内皆兄弟》)。意大利人把《水浒传》中花和尚鲁智深的故事取出译成《佛牙记》。德国人翻译了杨雄和潘巧云的故事,译名是《圣洁的寺院》。而武大郎与潘金莲的故事,德国人则译成了《卖炊饼武大的不忠实妇人的故事》。德国人还翻译了晁盖、吴用等人智取生辰纲的故事,译名有两个,一个是《黄泥冈的袭击》,另一个是《强盗们设置的圈套》。英国翻译了《水浒传》中林冲的故事,译名是《一个英雄的故事》。

令人费解的现象

整部《水浒传》的文本特征就是:英雄不谈爱情,美女全是坏人。书里确实一定程度存在对美女的妖化、黑化和丑化的情况。颜值越高的，往往不是心肠很坏就是命运很惨。基本上，颜值比较高的就没有几个有好结局的。一身正气颜值又高的两位，一位是林大娘子，一位是扈三娘，她们结局都不太好。林冲遭到陷害被发配之后，林大娘子被逼自杀了。这扈三娘全家遭到灭门，凶手就是黑旋风李逵。扈三娘还要被迫跟他做同事，并且在战败被俘之后，被领导撮合嫁给了矮脚虎王英。王英是个要人品没人品、要颜值没颜值的酒色之徒。这种"美女配拙夫"的规律在《水浒传》里有淋漓尽致的展现。

《水浒传》里有四大坏女人——潘金莲、潘巧云、卢俊义的夫人贾氏和阎婆惜。要知道，这四人个个貌美如花、倾国倾城，但都是颜值高、心肠坏，个个风流成性、贪财好利、两面三刀、口蜜腹剑、心狠手辣，关键时刻甚至可以对亲人下狠手。所以有人提了个问题：为什么美女都这么坏，或者说坏女人为什么都这么美？其实这个问题很有趣，值得深入分析。大家注意一下，在古代文学作品中经常出现的一种写法就是"红颜祸水"。简单总结一下，这样的女子大概有三类。

第一类，飞蛾扑火型。她们是被利用的，比如西施、貂蝉，因为颜值高，被掌权的人利用，成为政治的牺牲品。

第二类，红杏出墙型。她们都出过轨，比如潘金莲、潘巧云，这类女子往往感情生活不满意，家庭生活不和谐，后来又遇到一个比较满意、比较称心的人，于是就勾引对方来谋害自家的男人。

第三类，迫不得已型。她们受到迫害或被欺压，比如林冲的夫人林大娘子，本来性格贤淑、容貌姣好，过着幸福美满的小日子，她不勾引他人却很招人，一不小心遇到高衙内，最后的结局就是家破人亡，悲愤而死。

这三种类型的女子共同体现了一个结论：颜值高，命运差，祸事多，烦恼多。请大家想一想：文学作品为什么会有这样的描述？我们进一步分析就会发现，这样的写法其实是一种非常隐蔽的心理投射。在男权社会里，面对这些比较出众的女子，男人的心理是很复杂的，他们往往会产生挫败感、自卑感，进而会有求而不得的愤怒感、失落感。随后就会启动一种大家都知道的心理机制——酸葡萄心理，"吃不到葡萄就说葡萄酸"或者"吃不到葡萄，干脆就让葡萄酸"，这才是很多文学作品或民间故事里描述"红颜祸水"的根本原因。希望我们大家都能活得更自信一点，更光明一点，更坦荡一点，为身边的真善美由衷地点赞！（无论得到还是得不到）

特别提醒大家：在看一本有思想、有文化、有生活的作品时，既要钻得进去，也要跳得出来。一定要分析作品的价值观及作者的个人倾向，这样才可以防止被误导。

我发现，《水浒传》这本书所体现的文化特征和作者倾向就是丑化美女甚至排斥结婚，女人争取男人的主要方式是结婚，男人争取男人的主要方式是结义。结婚会影响结义，要想结义就不能结婚。一旦结了婚就得家破人亡，然后才能上山结义，这是一个很耐人寻味的逻辑。在这种英雄不谈爱情、美女都是坏人的逻辑背后，我经常会问大家一个问题：作者自己的爱情生活是幸福还是不太幸福呢？大家会异口同声地回答：不太幸福！您看，这就是作者倾向。所以每一本书里都包含着时代的偏见，每一本书里都包含着作者的心理投射。

深层的创业经验

施耐庵《水浒传》的写法是让英雄们依次出场，叙述其英雄故事，一直写到七十回，才聚齐一百零八条好汉。这些好汉到齐后的第一件事就是排座次。梁山的组织结构很有特色，它的职能和权力地位是分开的。座次依权力等级而排，排在前几位的是：山东及时雨宋江、河北玉麒麟卢俊义、智多星军师吴用、入云龙公孙胜、大刀关胜、豹子头林冲，这样依次排下去。这种排法融入家庭文化的味道，比如权力最大的宋江被称为"宋公明哥哥"，大小事都由他决定。

梁山组织结构的特点是：地位由座次决定，职能则由个人特长决定。梁山职能分为临时职能和固定职能两部分。所有能战斗的头领分为马军、步军和水军三类，比如马军五虎上将豹子头林冲、霹雳火秦明、双鞭呼延灼、大刀关胜、双枪将董平；步军头领是黑旋风李逵、行者武松、花和尚鲁智深等；水军统领是阮氏三雄等人。他们平时负责操练和统辖军队，战时则组成临时的任务组，采取点将的方式指派任务。日常的固定职能则由具备专门特长的人执行。比如参谋长是智多星吴用和神机军师朱武；负责文秘工作的是圣手书生萧让，他字写得特别好，据说能模仿当时北宋时代各家的书体；负责财务的是神算子蒋敬，这个人打算盘很好，擅长理财；负责司法审判的是铁面孔目裴宣；负责种植的是菜园子张青；管招待的是笑面虎朱富、旱地忽律朱贵；管交通的是神行太保戴宗；管仪仗的是特别魁梧的险道神郁保四；宰牛羊的事由当过屠户的操刀鬼曹正负责。整个梁山就是一个由权力、职能（包括临时职能和固定职能）构成的完善的大型"企业"。如果把梁山看成一个大公司，通过它的成长，我们可以看到公司创业过程中必须要做的几件事。

第一件事，长本事。要在梁山这家"公司"中占有一席之地，必须要有自己的一技之长，本领就是空间，特长就是位置。

第二件事，交朋友。在长本事的过程中还要交朋友，积累人脉，组织核心班底，为将来合作创业打下牢固基础。

第三件事，立大旗。把所有人聚在一起排座次之后，还要树一个纲领，立一个宗旨来增强号召力。

第四件事，拉队伍。这方面的工作包括定结构、定职能，分配权力，不断扩大队伍，扩张势力，用梁山的专用语言讲叫"入伙"。

第五件事，闯天下。有了队伍之后，组织要从外部得到资源，创建成果，才能保持稳定和发展。比如梁山团队打祝家庄、打曾头市、打大明府、闹东京、征辽国、平方腊，通过这个外部活动，实现组织的价值并且保持组织的稳定发展。

第六件事，谋战略。梁山在这件事上是有一定问题的，梁山只反贪官不反皇帝，一旦招安，把一切事情交给朝廷，任由人摆布，最后导致了悲惨的结局。

需要注意的是，上述六件事情前后是有顺序的，比如长本事和交朋友的顺序就不能颠倒。交朋友融在长本事中，可以增进感情并且可以确保朋友圈的质量。一定要有了朋友再立大旗，要是先立了大旗却没有朋友，那就人单势孤，后劲不足了。

梁山团队的三大基本问题

小团队管理要看《西游记》，大团队管理要看《水浒传》，团队竞争要看《三国演义》。仔细分析一下，大家就会发现，水泊梁山这个团队存在三大基本问题。

第一，领导权问题。宋江就是一个县衙的押司，"押"者公章也，"司"者管理也，宋江相当于办公室管公章的秘书，面貌黝黑，五短身材，文不能文，武不能武。就这么一个人，他居然能带领英雄团队，而且梁山好汉个个对宋江都是心服口服。这种领导权威的确立有很多的方法和技巧值得我们去品味。

第二，班子团结问题。大家看，王伦死了有晁盖，晁盖去世接着是宋江。班子交接的前提是上一任老领导不在人世，而且晁盖宁可让"河北企业家"卢俊义来接班，也不让二把手好兄弟宋江走上一把手岗位，到底是宋江有问题，还是晁盖有问题，或者是两人都有问题？这班子团结的核心在哪儿，副职应该怎么当？王伦这个一把手哪点做得不到位，宋江这个副职哪点做得过火了？这些都值得探讨。而且对应这三位领导干部，他们的下属都是有背景、有山头的，王伦有自己的铁哥们儿，晁盖、宋江也有自己的铁哥们儿。这些梁山团队的成员分别来自清风山、二龙山、桃花山、少华山、芒砀山、揭阳岭、浔阳江、饮马川，他们资历不同，性格不同，能力不同，兴趣爱好不同，而且思想境界和个人动机也不同。有大英雄，有小蟊贼，还有社会闲散人员，有过得滋润富足的，也有背负血海深仇的。对于这些人，该如何统一思想，加强激励，防范内部纠纷，让他们心往一处想，劲往一处使，确保团队整体目标的实现，这确实是一项非常具有挑战性的任务。

第三，干部安排问题。梁山是个弹丸之地，宋江要安排一百零八条好汉，相当于在一个县处级单位安排三十六个正处、七十二个副处。更要命的是，这些候选人都是江湖人，安排好了，管你叫大哥，安排不好，咱们就刀兵相见，各位候选人可都是带着刀来的。宋江在干部安排方面想了很多办法，所以这方面问题解决得特别好，真的是有先有后，有高有低，领先的不牛，落后的不闹，人人都满意。这里的一些方法和策略确实值得讨论。

梁山团队的这三大基本问题也是中国本土团队健康发展的命脉问题，有一个问题解决不好，这个团队也发展不下去。我们看《水浒传》就要透过现象看本质，研究它解决三大问题的方法和思路，这些内容不仅是文学作品的创作，而且是生活经验的总结，是历史智慧的浓缩。文学作品看起来是虚构的，但是其内容源于生活又高于生活，提炼了生活又浓缩了生活，在文字背后的那些人生智慧、合作方法确实可以给我们启迪。

读书的三个层次

其实读书学习的过程就是发现未知、探索未知的过程。当未知变成已知，从能知到能行，我们就真正进步了。简单来说，在成长进步的过程中，我们会经历三个阶段：一是知道自己知道，二是知道自己不知道，三是不知道自己不知道。人们在读书的时候，会出现和这三个阶段相对应的三个层次。

第一个层次是寻找共鸣。这个层次对应的状态是"知道自己知道"，然后在书里搜寻相同或相似的内容，由于同频共振而引发愉悦与满足。比如知道鲁提辖拳头下的镇关西就是一个胡作非为的坏人，看到坏人受到了应有的惩罚，内心会感觉无比舒畅。

第二个层次是寻找答案。这个层次对应的状态是"知道自己不知道"，在不知道的情况下，带着问题读书，带着问题思考，目标明确，效率极高，找到答案之后，会有一种攀登高山抵达山顶的喜悦和兴奋。

第三个层次是寻找问题。很明显，这个层次比前两个层次要高，这个层次对应的状态是"不知道自己不知道"。到了这个层次，就要一边读书一边思考，不断发现未知，透过现象看本质，透过热闹找规律。比如小团队管理问题看《西游记》，一个领导四个员工，要有分工配合，要有人岗匹配，要有外部资源和内部激励；大团队管理要看《水浒传》，一个领导，一百零七个中层干部，十万大军，领导权威如何树立，干部如何安排，这些都是有方法有门道的。

很显然，第一个层次找共鸣，是娱乐型读书；第二个层次找方法，是工具型读书；第三个层次找问题，是思想型读书。会思考、会提问非常重要。我们经常说一个词儿，这个人很有"学问"，大家注意，学问学问，会学还要会问，带着问题学习，用问题去引导自己的学习。在管理课堂上，我们也总是强调，员工是找答案的，领导是提问题的，要用正确的问题去引导团队前进。我们会发现，在各个领域当中特别厉害的那些人，都是在关键时刻能找到正确问题的人。有的时候，我们思想局限性太过强烈，因为不知道自己不知道，所以读来读去无法发现真正的问题，这个时候怎么办呢？

关于这一点，我想讲一个生动的例子。课堂上老师让同学们用30秒回答一个问题，谁的答案最多谁就得大奖。这个问题有点简单：请问楼下的便利店里不卖什么东西？

同学们脑海中开始浮现楼下的小便利店，里边货物琳琅满目，吃的、用的什么都有，稍微一踌躇，30秒时间很快就到了，不过班里有一个同学在30秒之内写出了好多答案。这个同学的经验是什么呢？就是当老师问便利店这个问题的时候，他想的是那些便利店之外的领域，比如体育用品商店的很多东西便利店是不卖的，乒乓球、乒乓球拍、羽毛球、羽毛球拍、篮球、足球、杠铃；比如宠物店里的很多东西便利店是不卖的，小猫、小狗、金鱼、鹦鹉、八哥、蜥蜴；再比如，动物园里所有的动物，便利店里也买不到。按照这个思路，军火库里的很多东西便利店也是不卖的，航天飞机上的很多东西便利店也是不卖的，海鲜市场里的那些水产品便利店也是不卖的。你看，当找到很多领域的时候，思路自然就有了，答案也就源源不断了。

那些30秒之内找不到答案的人，是因为他们的领域就锁定在这个便利店里，反反复复围绕便利店已经有的那些熟悉的产品去思考，结果越思考思路越窄，越思考越没有发现。所以学习进步的过程中，跨领域的思考非常重要。

我在整理传统文化管理思想的过程中发现，很多人解读传统文化就是先讲字后讲词，然后再讲文史哲，在一个固有的领域里转来转去。于是我进行了跨领域的思考：哪些东西在过去的传统文化"便利店"里是没有的呢？很显然，是管理学、心理学，还有博弈论。一旦打开这些新的领域,那灵感就来了,突破和创新就实现了。

智慧学习从日常入手

要想实现答案上的突破,必须先要实现问题上的突破,要想实现问题上的突破,必须先要实现领域的突破,跨领域思维至关重要。从2011年开始,我登上央视《百家讲坛》,主讲关于三国、水浒的系列节目,先讲三国智慧,后讲水浒智慧。十年时间讲了九个主题,熬过了很多不眠之夜。记得当初《水浒智慧》第一部出版的时候,在签名售书的活动现场有位朋友提了一个很好的问题,他问我:别人的智慧如何能变成自己的智慧?

我们每个人在成长进步的过程中确实都会面临这样的挑战,如何让自己进步更快一点,如何能够把别人的智慧尽快地变成自己的智慧,有没有很好的方法?我说一说自己的体会。记得当初学习一个非常热门的理论分支,叫作领导的权变管理理论,老师跟我说,这个理论跟中国的《易经》文化是一致的,都讲究阴阳平衡、宽严适度。当时,对我来说,这些东西都太过抽象,确实不太好理解,后来的一件小事起了关键作用。

有一天,我自己煮速冻水饺。如果大家煮过速冻饺子,就会知道,其中有一个关键步骤,我们煮常温的饺子都是等水开了再下锅,但是煮速冻饺子一定不能等水开了再下锅,否则就煮成片汤了。速冻饺子要想煮得好,秘诀就是在水沸腾之前,先把饺子下锅,让那些冰冻的饺子在锅里有一个解冻的过程,然后再跟水一起沸腾,这样饺子皮儿就不会破裂。

站在灶台前,看到锅里翻滚的速冻饺子,我突然悟到一件事:对于态度冰冷、状态又容易破裂的团队成员,在推动他们成熟进步的过程中，温度不宜太高，方法不宜太激进，先要用"温"的手段去感化，然后再用"热"的手段去激发。成就一番事业就像炖一锅菜，团队成员个个都有自己的偏好、自己的倾向、自己的特长，苦辣酸甜咸什么味道都有；而领导应该像水，水能调和五味，但是水本身不能有任何的味道倾向、味道偏好，如果水有了味道，这顿饭做出来就不对劲了。以"无为"和"无味"来统帅"五味"，这是做饭的奥妙，也是权变管理的奥妙。

可以说，在灶台前的一瞬间，我对权变管理理论有了更深入的理解和更高层的思考，这个时候，别人的智慧一下就变成了自己的智慧。请大家注意这个过程的关键点，就是从身边小事入手，用心体会，用心领悟。其实大家想一想，那些远在天边的大道理如何变成我们自身的人生智慧？关键就在于我们要从家常、日常、平常的小事入手，去体会去感悟。正所谓"道在日常，道在家常，常道即是大道"。学习一个思想或一个道理的时候，千万不能只盯着那些天边的事、高大上的事、发生在别人身上的事，这样的学习效果不好，学来学去，别人的东西依旧是别人的东西。相反，如果我们用心观察身边的事，体会日常的事，从一些家常的小事件入手，用心揣摩，就能把别人的智慧很快地转化成自己的智慧。这就是俗话所说的"哑巴吃饺子——滋味全装在自己心里"。

以上就是我想和大家分享的写作这本书的一些体会和感悟。《水浒智慧》第四部一共十五讲，重头戏是"武松的故事"，其次是"三打祝家庄"，另外专门有一集讲"鼓上蚤时迁"，还有一集讲"英雄排座次"。看《水浒传》必须围绕三大基本问题来看，这样才能把《水浒传》看通、看透。我憧憬的读书境界就是达观和通透，当然由于水平有限，本书的内容也难免有一些不通不透的地方，还请大家多多批评指正！在这里，要再一次感谢央视《百家讲坛》栏目组和电子工业出版社的各位老师对我的理解与帮助，在那些艰难的时刻，是你们的支持给了我力量，那些难忘的瞬间我会铭记于心，一直珍藏！

赵玉平

2022年9月9日于北京九思书院

目 录

第四部　梁山能人启示录

第一讲　仗义英雄爱面子　　　　　　　　1
第二讲　走向深渊的饭局　　　　　　　　16
第三讲　王婆的四碗茶　　　　　　　　　31
第四讲　一个弱者的毁灭之路　　　　　　44
第五讲　危难时刻有静气　　　　　　　　57
第六讲　声誉口碑威力大　　　　　　　　68
第七讲　信念的力量　　　　　　　　　　87
第八讲　笑里藏刀早防备　　　　　　　　101
第九讲　英雄本色看行为　　　　　　　　112
第十讲　人际关系有强弱　　　　　　　　125
第十一讲　想要说服不容易　　　　　　　139
第十二讲　小人物的大舞台　　　　　　　150
第十三讲　新官上任莫急躁　　　　　　　164
第十四讲　复杂局面提高驾驭力　　　　　177
第十五讲　座次里的讲究　　　　　　　　189

后记　　　　　　　　　　　　　　　　　201

第四部

梁山能人启示录

第一讲
仗义英雄爱面子

在《水浒传》诸多好汉中，武松无疑是被描写得最出彩的一个，作者施耐庵对他倾注了极大的心血：景阳冈打虎、斗杀西门庆、醉打蒋门神、血溅鸳鸯楼、大闹十字坡、夜走蜈蚣岭……这一个个脍炙人口、令人拍案叫绝的精彩篇章全部来自武松。而《水浒智慧4》则要从一个最著名的章节开始——景阳冈武松打虎。

当武松得知景阳冈上确实有猛虎时，他犹豫了，害怕了，甚至一度想转身往回走，可思量再三，他又打消了这个念头，决心咬着牙硬着头皮也要往前闯，即使这样做会冒着巨大的生命危险。最终，武松酒壮英雄胆，上演了一场惊心动魄的打虎好戏，美名远扬。《水浒传》中的武松极要面子，而在我们的生活中，要面子的人和要面子的事也比比皆是，那么有的人为什么会如此要面子？通过对武松的行为进行分析，我们又能获得哪些为人处世的启发呢？

"水浒系列"我们已经讲到第四部了，在前三部当中，梁山好汉纷纷登场，英雄故事异彩纷呈。第四部中的第一个英雄人物，要讲著名的梁山好汉——武松武二郎。

武松是山东清河县人士，排行第二，人称武二郎。为了躲避官府的追捕，他经常做头陀打扮，所以江湖也称他为行者武松。武松是《水浒传》当中一个妇孺皆知、家喻户晓的英雄人物。很多人都特别喜欢武松，比如金圣叹先生在评《水浒传》时，就总结武松身上有十个优点：鲁达之阔，林冲之毒，杨志之正，柴进之良，阮七之快，李逵之真，吴用之捷，花荣之雅，卢俊义之大和石秀之警。金圣叹先生称："武松，天人者。"

有人喜欢武松，也有人批评武松。喜欢武松的人觉得他仗义执言，疾恶如仇，敢做敢当，顶天立地。不喜欢武松的人，就指责他滥杀无辜、心狠手辣。那到底武松是一个什么样的人，经历了怎样的曲折人生，他的故事又能给我们现代人带来什么启示，下面我给大家讲一讲。

武松在《水浒传》第二十三回"横海郡柴进留宾　景阳冈武松打虎"出场。在这一回，武松在柴大官人庄上巧遇了宋江，兄弟二人一见如故，惺惺相惜，结拜为兄弟。后来，武松得到消息，自己的官司已经了结，于是他想回清河县，去探望哥哥武大郎。宋江带着兄弟宋青来送武松，十里相送，洒泪分别，在这一段相送当中有很多细节，我们在《水浒智慧》（此系列的第一本书）里做过详细的分析，大家可以去看一下。

武松辞别了宋氏兄弟，迈开大步，一路就奔清河县而来。走了几日，进入阳谷县的地界。这一天正是中午时分，武松走得肚中饥渴，望见前面有一个酒家，挑着一面招旗在门前，上头写着五个字——"三碗不过冈"。等走进酒家，武松就问这店小二，说你这有什么饱腹的东西吗？我拿来下酒。店小二说：客爷啊，我这里有上好的牛肉。武松说：牛肉要两三斤，给我倒酒来。

店小二切了二斤牛肉，浇了点汤，香喷喷地就端上来了。接着又给武松倒酒。武松吃着牛肉喝着酒，说：这酒真够劲儿！店小二见他喝得爽快，又倒了一碗，武松端起来一饮而尽。店小二于是倒了第三碗，武松就着牛肉又喝下去了。

接下来店小二不倒酒了。武松吃了两块牛肉，看着三个空碗，拿手敲桌子，说：店家，倒酒来。这店小二说：客官，你要肉，我便给你拿来。武松说：肉也要，酒也要，给我筛酒来。店小二说：客官啊，肉可以随便吃，酒只有这三碗，不能吃了。武松不明白，问：为何不卖酒给我，我有的是银钱。店小二说：您没看到门口那个招牌上写的吗？"三碗不过冈"。我家这个酒虽说是村酒，可是这个酒性堪比老酒。你要喝了三碗就醉了，就过不了前面那个景阳冈了。武松问：我却为何没醉？店小二说：我们这个酒唤作"透瓶香""出门倒"，隔着瓶子能闻到香味，喝了没什么事，出了门一见风，人就要醉倒。武松说：别说你普通的酒，就是放了蒙汗药我也能闻出来啊，你不要啰唆，快拿酒来。这店小二见武松性格鲁莽，说话又这么刚毅，害怕得罪他。说：行，再上三碗。倒了三碗酒，武松就着牛肉又喝下去了，感觉这酒喝下去真舒服，抬头让店小二再上酒。

店小二站着不动。武松跟他商量：我喝一碗酒给你一碗酒钱，不要怕我没钱呀。店小二说：英雄啊，这酒不能再喝了，你这么一个大汉，喝醉了我怎么挪得动你啊？武松说：你休要啰唆，我怎能喝醉呢？快上酒来，另外切点牛肉。于是店小二倒了三碗酒，切了二斤牛肉，武松风卷残云，三碗酒喝下去，二斤牛肉也吃了下去。店小二又倒了三碗酒。

大家注意，现在武松已经喝到十二碗了。武松气不长出，面不改色，对着三个空碗叫店小二再上酒来。这时候店小二再也不过来了。武松从旁边的包袱里边把银子搬出来往桌上一拍，说：来来来，你看，我有的是钱，这些钱够不够买你的酒？店小二说：够了，而且有富余，并且我还有回扣贴现于你。武松说：我不要回扣，你就给我上酒来，我给你钱不就得了？店小二说：英雄，确实还有五六碗酒，但是我真怕你喝醉了。武松一拍这银子，就亮出了几句狠话。武松说：我又不白吃你的，休要引老爹性发，通教你屋里粉碎，把你这鸟店子倒翻转来。你想想，这口气，吓得店小二心蹦蹦乱跳，无奈之下，把后边的酒也搬上来了。武松二话没说，"咕咚，咕咚"，又都给喝下去了。

武松一共喝了十八碗酒。

很多人看到这里就敬佩，说英雄海量，能喝十八碗酒。其实我们来分析分析，武松的酒量到底有多大。

首先，宋代的酒和我们现代的白酒不是一种酒。它是一种酿造酒。这酒糟和酒体混在一起，放上几月或几年，打开坛子，酒的度数大概也就是五六度。白居易有一首诗："绿蚁新醅酒，红泥小火炉，晚来天欲雪，能饮一杯无？"①什么叫"绿蚁新醅酒"？就是形容这酒酿好了，打开坛子，里边的酒糟是绿色的，像小蚂蚁一样。"红泥小火炉"呢？就是把它搁到火炉上加热，大冷的天来两盅挺好。而且喝的时候要用一个小过滤器，把酒糟过滤掉，这个过程称为筛酒。这一个"筛"字，就体现出它的工艺流程，这种酿造酒度数是非常低的，差不多五六度。

其次，武松到底喝了多少呢？有人做过专题研究，北宋的酒碗通常能装四两酒，假如武松在景阳冈下喝酒用的就是这种酒碗，十八碗大约有七斤酒。武松醉打蒋门神时喝了三十碗酒左右，大约十二斤。

武松的酒量在宋代算是酒神级别的，一般人只能喝一斤酒左右，按四两一碗的话，真的也就是三碗酒左右。酒家写"三碗不过冈"这

---
① 白居易《问刘十九》

个招牌，确实代表了宋代普通人的酒量。

《水浒传》开篇提到高俅和苏学士的交往，这位苏学士就是大文豪苏东坡，他和水浒英雄是同时代的人。那么，我们这位经常饮酒，能写出"明月几时有，把酒问青天"这样优美词句的大文豪，他的酒量如何呢？

苏东坡在《东皋子传》中写道："予饮酒终日，不过五合。"五合相当于半升，也就是一斤酒，而且是低度酒。苏东坡喝一斤低度酒要喝上一天。大家想想看，这相当于抱着一瓶六度的啤酒，喝了一天，喝得晕乎乎的，感觉酒劲好大！苏学士的酒量确实是够小的。武松比较厉害，可以连着喝上好几斤酒，不过重点是酒精度数大约只有六度。我们现在的六瓶啤酒大概就是武松当时的酒量啦！

那武松喝完了这七斤酒，头上就有点稍稍发热，但并不是特别晕。喝完了酒，吃完了肉，大英雄收拾包裹拿了哨棒，晃晃悠悠就往外边走。店家就追出来了，武松说：我又不少你银钱，你追我做甚？店家说：英雄有所不知，最近前边那景阳冈上，出了一只吊睛白额大虫。

这里边有三个知识点。

第一，景阳冈的冈不带山字头。大家查一查字典，不带山字头的冈形容连绵的山脉，而带了山字头的岗形容的是一个耸立的山脉。景阳冈是一个连绵的山脉，所以不带山字头。

第二，大虫就是指大老虎。

第三，吊睛白额，所谓"吊睛"就是眼梢往上，显得特别威武。据说这老虎吃完人肉，眼睛里边有血丝，眼梢往上吊着。

店家就告诉武松，这只老虎已经害了二三十条大汉的性命。县里有要求，要过景阳冈，应该中午左右，聚上二三十个人，敲锣打鼓，拎着棒子武器一起过冈，其余时间不得过冈。而且单身的客人，白天任何时间都不能过冈。武松一晃脑袋，说：我本人就是清河县人士，经常在这景阳冈上走,我咋不知道这有一个老虎?你有证据吗?店家说:有官府的檄文为证,不信你来看。武松说:我不看,我明白你这个人什么意思,刚才见我银两比较多,莫非你要把我留到客店里边,晚上半夜三更对我下手,谋财害命,这个套路我见多了。店家说:哎呀呀,我一番好意,被你当作驴肝肺,你愿走便走,我不和你啰唆了。于是店家转身回去了。武松拎着包袱嘟嘟囔囔的,一路就奔着景阳冈而来。

在这一段对话当中,我们能感受到,武松这个英雄有四个特点:

第一,酒量大,能喝七斤酒;

第二,饭量大,两大盘牛肉有四斤多,酒肉合计得有11斤多;

第三,脾气大,不给他喝酒能把人家店给翻转过来;

第四,戒备心比较大,久在江湖上闯荡,谋财害命的事见多了、听多了,对人的防备,要大于对老虎的防备。

规律分析:如何看待"防人之心不可无"

谈到人的戒备心,我们就想起一句话:"害人之心不可有,防人之心不可无。"在前半句上,人们是能达成共识的,就是不该有害人之心,但在后半句上却存在巨大的争议。很多人觉得不该有防人之心,防人之心是对他人有偏见,这种偏见对世界是一种伤害。那么,我们该不该有防人之心呢?让我们来分析一下。

我讲一个简单的例子,假如你还好朋友的钱,好朋友当着你的面把100元的钞票对着太阳看了看,你肯定心里有点不舒服。你的心理感受是,他居然还要验钞,这明显是不相信我,不相信我们的感情,居然防备我。

但是,如果你打车去机场,给出租车司机100元人民币,司机师傅当面验钞，你就不会有这种不舒服的感觉。在互相不了解、信息不对称的情况下，防范风险是很正常的，而且是很必要的。在信息不对称的情况下，必要的防范措施是可以理解的。

信任和怀疑往往是同时出现的，而且很多时候，这两种想法是可以并存的。有人强调，同人交往就要完全信赖对方。这种想法其实是很危险的。信任是需要以必要的防范措施为保障的。

电脑要装防火墙，软件要防病毒，十字路口要装监控，双方合作要签合同，营业窗口要准备验钞机，国境线上要有巡逻兵，无论灰太狼多热情，喜羊羊都要加强防备。所以我们讲：

> 善良和信任是美好的，但是滥用善良和信任是危险的。诚信社会不建立在轻易相信别人的基础上，而要建立在一些可靠的规范的基础上。

老百姓的说法是，吃饭防噎，走路防跌，在信息不对称的情况下，必须做风险评估和风险防范。充满诚信的社会是以可靠的规范做基础，而不是以盲目的轻信为前提。道德号召可以激励君子，但不能约束小人。善良轻信，缺乏防范心理，就给居心不良者提供了机会，所以要有制度和规范。带剑的契约才是好的契约。对"防人之心不可无"这句话，全盘否定和全盘肯定一样是不可取的。

我认为，契约精神一方面是指信任，另一方面就是指风险防范措施，如果没有风险防范意识，那也不是契约精神。关于这方面，大家可以读卢梭的《社会契约论》或者孟德斯鸠的《法的精神》。这是我们现代社会必须要有的。我们不能书生意气，不能把熟人和亲人的规范，用于生人社会当中，真理是要讲条件的，忽略了条件，真理就可能导致错误的结果。

所以，先小人后君子，这是人跟人打交道的基本规则，信任和怀疑应该同时存在，风险防范是必须的。

武松作为一个久闯江湖的人，他知道江湖那些套路，所以对这个酒家是有防范的。不过武松没有想到，景阳冈真有一只老虎。

辞别了酒家，武松继续往前走。走了不远，发现前边有一个破败的山神庙，庙上贴着一张县里的告示，内容和店家所说的差不多，而且底下盖着县府大印。武松心想：哎哟，这山上真有老虎。

那你说武松什么反应？很简单，武松一转身就要回酒店。所以武松打虎这件事情，不是事前规划好的，它是一个突发事件。但是就在这一转身之间，武松想，我要是这么回去，必然被店家耻笑，笑我不是好汉。

前边是要命的老虎，后边是陌生人的嘲笑，请问你往哪儿走？武松的选择就是，宁可丢命，不能丢人！这就是大英雄武松的一个特殊的性格——爱面子。我们身边也有这种人，特别爱面子。那一个人为什么会这么爱面子呢？这里有两个因素。

> 一个人的尊严分成两种：一种是自己对自己的尊重，这叫作内部尊严；另一种是外人对自己的尊重，这个叫外部尊严。

当自己对自己的尊重比较高，外人对自己的尊重比较低的时候，形成内外反差，就会导致一个人爱争面子。

性格一：英雄本是爱面子的人

有句俗话说得好，死要面子活受罪。毫无疑问，此时的景阳冈不同以往，面对猛虎随时可能出现的巨大凶险，面对生与死的巨大考验，武松犹豫了、害怕了，心里充满了焦虑与担心。然而对武松而言，还有一件比生死考验更重要的事，那就是面子。为了尊严、为了面子，武松决心冒险独闯景阳冈。那么武松又是如何成为一个要面子的人的呢？

我们来分析一下武松。武松自幼父母双亡，失去了来自家庭的强有力的保护和关爱。哥哥武大郎身高不满五尺，卖炊饼为生，既没有好的形象，也没有社会地位，无法给武松提供必要的保护和支持，甚至还使武松受到更多的歧视和白眼。

武松急性子，偏爱动手打架，小的时候肯定没少遭受排挤和歧视，社会生活和人际关系的压力都非常大。而他又是一个比较要强、清高，自尊心和自信心都很强的人。武松自尊心强，得到外部的尊重和认可比较少，这种内外反差导致其特别看重来自外部的尊重和认可。这是武松死要面子活受罪的思想基础和心理基础。

在这里，我提醒各位老师和家长，在孩子成长的过程当中，不要一味地追求完美，挑毛病，一定要肯定他的优点、赞赏他的长处，让他感受到来自外部的尊重和认可。如果没有必要的尊重和认可，孩子的尊严感一旦失衡，就会特别敏感，为维护面子做出很多让人意想不到的极端事情。

爱面子的人要么是为争取尊重，要么是为掩饰内心的自卑。这样的人往往都有童年被欺负、被打击的经历，主观上自尊，很看重自己，客观上自卑，心理处于失衡状态，导致在大事小事上都特别在乎别人的评价，为维护面子不惜付出巨大的代价。

有了争面子证明自己实力这样的心理，接下来武松就是"明知山有虎，偏向虎山行"了，表现出很强的冒险精神。

性格二：胆大心细敢冒险

武松打虎的过程体现出他这种艺高人胆大的本事，是怎么展示出来的呢？《水浒传》中写，当时正是十月份的天气，一轮红日堪堪地已经要下山了，这个秋天的山冈上边，就渐渐地起了风。施耐庵老先生文笔特别好，他在这里写了几句诗："景阳冈头风正狂，万里阴云霾日光。焰焰满川枫叶赤，纷纷遍地草芽黄。"我特别喜欢后面两句，"焰焰满川枫叶赤"，放眼望去，山谷里枫叶都红了，像火一样；"纷纷遍地草芽黄"，地上的草半人多高，都是黄的。都甫说有老虎，你一个人站到这山冈上边，看到这景色，心里都会感觉到害怕。

武松站到山冈上，仗着一点酒气，并没有特别害怕，踉踉跄跄往前走。这时候酒劲儿已经发上来了，风一吹，大英雄头上是发胀，脚底下是发软，而且胸脯里边发热，就把衣服解开了。穿过了乱松林，看到前边有一块大青石，很平坦，就放下包袱，刚躺到石头上，就感觉有一阵狂风起来了。

俗话说云从龙，风从虎，这龙要出来的时候满天乌云，这虎要出来的时候遍地狂风。随着带腥味的狂风起来，不远处的草丛当中，就跳出一只吊睛白额大虫，两只铜铃一样的大眼睛，紧紧地盯着武松。哎呀！武松心里"咯噔"一下子，这山里边果真有老虎。这老虎又饿又渴，见着武松，再闻闻这个酒味，心想今天这顿晚餐味道不错，还有佐料。老虎二话不说，一躬腰，奔着武松就扑了过来。

老虎的威力有多大？有人曾经做过实验：一只孟加拉虎的百米跑速度是4.43秒，当时人类百米跑世界纪录是9.69秒；老虎以游戏姿态挥动爪子，拍力大约相当于550公斤的重量，人类拳击选手最大力量也达不到其一半；老虎跳远，轻松一跳超过12米，当时人类跳远世界纪录是8.95米；老虎立定跳高，超出3.5米，当时人类立定跳高世界纪录是1.8米。而且,这里的数据都来自人工圈养的老虎,不是野生的。我们有理由相信,真正野生老虎比圈养的老虎强大得多。

所以,在攻击力上,老虎是占绝对优势的。而武松能把老虎打死,确实证明他不是一般的人,那是小超人呐。不过武松打老虎,有自己的优势,虽然在攻击力上,武松不如老虎,但是在敏捷度上,武松要超过老虎。老虎的攻击力是1000,敏捷度是800,武松的攻击力是500,但敏捷度是2000。大老虎奔着武松,一躬腰扑了过来,武松轻轻一闪就躲了过去。就着这个姿势,武松在侧后,老虎一扭腰就来了一掀,有点像马拿后腿踹,武松又给躲过去了,这老虎一着急,对着武松扯着嗓子就吼了一声,吼得山冈都乱颤。

但是大英雄不为所动啊。老虎一看这个人,扑也扑不着,吼也吼不倒,竖起尾巴,像铁棒一样,对着武松就这么一扫。武松一躲,又闪过去了。这老虎没招儿了,一扑,一掀,一剪,再加一吼,三招半用完了。这老虎跟程咬金一样,从头还得再来。找了个姿势,瞅着武松在那儿运气,准备第二次攻击。武松心里有底了:你啊,就这个本事。武松捡起哨棒,使尽平生的力气,对着老虎抡圆了就砸下来。但是忙中出错,太激动了,忘了头上是松树,这一棒抡得太高了,正打到头上的松树上,"咔嚓"一下,树也断了,棒也断了。

这么一来,老虎的兽性就发作了,大吼一声,迎面奔着武松就扑过来。武松一提气,"嗖"的一下,退出去十几步。大家都甭退,你拿一根跳绳,你倒着跳,能跳几个?你根本都连不起来。武松在少林寺学艺,真的是练就一身好本事。退出去之后,老虎一扑,正好扑到武松眼前,英雄的两个大手,一下就摁住了老虎的顶花皮。各位注意,这是打虎的关键。老虎的顶花皮在哪儿呢?就在后脑勺靠下边的位置。如果大家不知道武松打虎是什么挑战,你养一只猫,每天跟它互动,你就能明白,猫科动物是特别敏捷的,又有力量。那为什么武松摁住老虎，老虎就不动了呢？猫科动物有一个本能，就是小时候它妈妈要叼着它走，叼住后脖颈那块肉，有点接近顶花皮，它就会浑身发软，纹丝不动。由于这个原因，武松摁住这顶花皮，老虎就不会动了。大英雄双手使劲儿摁住虎头，用脚对着老虎的眼睛鼻子耳朵，一顿乱踢。猫科动物的薄弱部位就是鼻子和眼睛，这一顿乱踢，就把老虎打得疼痛难忍。

这老虎就拿两个爪子刨地，在地上刨出一个大坑，这属于自掘坟墓。武松正好把老虎脑袋摁到坑里边，借助这个坑的优势，武松腾出来右手，这拳头就举起来了，你看武松打虎的雕塑，都是这个标准姿势，一摁一举。评书上讲，武松三拳两脚将猛虎打死，这有点夸张。大家看《水浒传》原著，武松光上拳头，就打了好几十拳，一直打得老虎鼻子眼睛耳朵都往外流血，老虎躺到那儿不动了，武松还不放心，把刚才打断的哨棒又捡起来，拿着棒子对老虎从头到脚，又打了一遍，这才确认老虎确实死了。这个场景惊心动魄，别说武松打虎一身汗，我讲完了身上都出了一身汗。

武松把半截棒子往地上一扔，看着地上五色斑斓的大老虎，心想，不能白把它打死，得拖下山去。但是他根本就拖不动，只好收拾了行李，正了正了毡帽，转身沿着山路往下走。

武松一边走一边想，路上万一再出来一只老虎，恐怕自己就打不了了。正想之间，草丛里边晃晃悠悠，又来了两只老虎。在武松一番惊骇之际，两只老虎一拉肚皮，走出两个人来，原来是两个猎户披着虎皮，在此设陷阱，要打老虎。两个猎户问：冈上有只大老虎你不知道吗？你怎敢一个人单身过山？武松说：知道有老虎，已经被俺打死了。两个猎户将信将疑，森林里又出来二三十个人，都拿着打猎的兵器。武松说：我领你们去看。武松在前边走，两个猎户在后边跟着，那二三十人远远地看着。走上山冈大家发现，远处土炕里真的趴着一只大老虎，已经没气了。猎户说：今天可见到大英雄了！发一声喊，这些人都上来，前边抬着武松，后边抬着老虎，下了山冈。

性格三：仗义疏财得人心

话说大英雄武松在景阳冈上经过一番殊死的搏斗，将猛虎打死，在众猎户簇拥之下，武松下冈来到一个上户家。所谓上户，就是有钱人家。里正、上户和猎户们就准备了酒食，武松吃完了，倒头便睡。第二天一大早，武松起来，洗漱已毕，换了一身新衣服。猎户们准备了虎床，把老虎搭到虎床上面。这只大老虎活着的时候很猛，死了以后很萌，大脑袋、胖爪子，耷拉着尾巴，五色斑斓，好像一个锦布袋一样，用花红缎匹装点着。大英雄武松上了一个四人抬的软轿，戴着大红花，众人前呼后拥，到县里来贺功。周边十里八乡都震动了，人们奔走相告，打虎英雄到城里来了。男女老幼拖儿带女来看英雄，大街小巷都挤满了人。

这件事一出，阳谷知县就拿出一笔赏钱，这赏钱有多少呢？一千贯。有人研究，一千贯钱相当于现在的人民币大概三四十万元。现金啊，都给武松了，这奖金不低啊。

武松跟知县说：听说猎户们为了打这只虎吃了很多苦，我情愿将这些钱分给众猎户。知县说：既然如此，就任凭壮士处理。武松当场就把这一千贯钱分给众人了，人人赞叹。知县在心里边暗挑大指：这大英雄，不光有打虎的本事，还有仗义疏财的品格。

武松的豪爽行为不仅为他赚足了人气，也很快给他的人生带来新的机遇，在清河县的众乡亲看来，武松不仅有本事，而且身上还有其他令人侧目的闪光点。那么在单位中，我们要想任用一个人，该如何客观全面地考察他？他身上的哪些要素是我们需要特别留意的呢？

我们看人要看三点：

第一，看本领；

第二，看品格；

第三，看个性脾气。

第一种人是完美的英雄，本领好，品格好，个性也好，这种人可以说是圣人。

第二种人，本领好，品格也好，但个性不太稳定，这种人算是豪杰。孙悟空、武松都是这种人。

第三种人，本领很好，个性也好，但品格不好，即心术不正。这种人特别有欺骗性，一旦得志便猖狂，为一己私利能做出很多出格的事，我们称这种人为奸人。古代有很多奸臣都是这种类型的人。

第四种人，本领很好，但品格不好，个性也不好，这种人就叫恶人。

有人说了，还有一种人，本领不行，品格也不好，个性也不好，那这种人叫废人。

知县相公看武松的本领和品格就很佩服，认为他是一个真正的豪杰。他跟武松商量，让武松做一个步兵都头，在他手下工作。这里边有一个细节，武松当场跪谢说：若蒙恩相抬举，小人终生受赐。大家注意这个细节，体现了三个信息。

第一个信息，知县一开始并没有准备给武松官职，但因为武松仗义疏财、扶危济困，展示了品格，才给了他官职。很多人觉得，我有本领，我就要位置，这是不对的。有本领还得有品格才能有位置。

第二个信息，武松这个人不光会拍桌子、瞪眼睛、骂娘，他也会说官话、套话，也能够彬彬有礼，应对场面，说明武松的智商不低。

第三个信息，武松这个人一开始并不想跟官府、朝廷对立，他是有功名心的，想受人尊重，干点有意义的事。后来为形势所逼，才不得已上了梁山。

武松打虎其实就是一个象征。你看老虎有三个特点：第一，它是突然出现的，武松没有思想准备；第二，武松以命相搏，斗争特别残酷；第三，整个打虎过程，武松孤军奋战，没有人出手帮他。在武松以后遇到的很多挑战当中，都呈现出这三个特点，所以武松打虎这件事很有象征意义。

总结一下，能打老虎，这叫能力过人，是能人；懂得扶危济困，这叫境界过人，是高人；善于沟通，能够管理自己的情绪，是和人。一个人学习进步的过程就是参照能人、高人、和人这三个标准，不断提高修养，不断改进，时时刻刻用这三把尺子来衡量自己的言行。

武松的能力、人品得到了阳谷县知县的赞赏，知县当场决定提拔武松做都头。这属于平步青云啊！知县随即唤来押司立了文案，当日便让武松做了步兵都头。有钱人家都来向武松贺喜，武松连连吃了三五日酒。自此上官见爱，乡里闻名。又过了两三天，武松处理完公事，从县衙里出来到街上透透气、散散步。没走多远，只听得背后一个人叫：武都头，你今日发迹了，为何不来看我啊？武松回头一看，直惊得目瞪口呆，不由得叫了一声：哎呀！你为何在这里？

那么，武松在陌生的阳谷县街头究竟遇到了谁，发生了什么情况，我们的打虎英雄为什么如此惊讶呢？请看下集。

第二讲
走向深渊的饭局

———

人们在一生中，会遇到许多大大小小的饭局。饭局不仅可以解决温饱，更是交流感情的重要平台。有很多重要的历史转折点都发生在饭局上，比如著名的"鸿门宴""青梅煮酒论英雄""杯酒释兵权"等。通过饭局，人们既可以化解危局，也可陷入困局。在《水浒传》中，大英雄武松在初遇潘金莲时，便遇到了三场重要的转折性饭局。正是这三场饭局，为后面的一系列悲剧埋下了伏笔。究竟是怎样特别的三场饭局呢？人们日常生活中，在饭局上都有哪些注意事项呢？

很多人都经历过别人劝酒的事，不知道大家是否体会过劝饭。很多人小时候穷，常常吃不饱饭，好吃的东西很少，别人请客吃饭的时候，出于礼貌会尽量少吃。如果桌子上有鱼，主人不示意动筷子，客人是不吃的，因为这鱼可能以后还要用。主人觉得客人太客气，不敢吃，就会劝客人再吃些。现在条件好了，人们基本上是要什么有什么，劝饭的一般都是家里人，妈妈往往劝饭最多，主要是希望孩子们多吃点，身体健康。家里人劝饭一般都是先动口后动手，对你猫咪似的饭量感到难以置信，反复确认你到底吃饱还是没吃饱，热情劝说你再来点儿，然后耐心地提醒你这个很好吃那个很有营养，那真是锲而不舍。妈妈劝饭最经典的一句话是："快吃吧，再不吃，就倒垃圾桶了。"

所以通过劝饭这件事，大家都能感觉到，我们借助食物、饭局这个渠道，能够拉近熟人之间的距离，能够加深陌生人之间的了解。《水浒传》写了很多饭局，比如宋江的饭局、王伦的饭局、晁盖的饭局，还有二龙山的、桃花山、清风寨的、浔阳江的，各种饭局。大英雄武松在他的人生道路上也经历过很多曲曲折折、惊心动魄、荡气回肠的饭局。比如说最典型的，武松遇到潘金莲的环节当中，双方就经历了三次饭局，这三次饭局，那真是跌宕起伏，对双方都产生了深远的影响。所以武松初遇潘金莲这一章，我们给它起名字，就叫"走向深渊的饭局"。今天我们就分析分析这三顿饭。

上一讲讲到，大英雄武松走在阳谷县的街头，突然听到后面有人呼喊。回头一看，不由惊得目瞪口呆。他为什么这么惊讶呢？因为回头一看他发现，喊他的人不是别人，正是哥哥武大郎。

那武松很惊讶呀，您不是住在清河县吗？怎么来阳谷县了？这武大郎就把来龙去脉，给武松介绍了一下。武大郎和武松是一母所生，但是两个人，形象、本领差异非常大。武松生得身高八尺，相貌堂堂，英雄气概，一身好本事，可以打死老虎。这武大郎生得五短身材，身高不满五尺，面目狰狞，相貌可笑。当地人都唤他三寸丁谷树皮。不过，武大郎自有他人生的精彩。

说前不久，武大郎就走了桃花运。清河县境内有个大财主，家里边有一个如花似玉的漂亮小丫鬟叫潘金莲，年方二十有余。这财主对这漂亮小丫鬟就动了歪心。结果潘金莲至死不从，而且把财主的这些不良的言行，都汇报给了财主的老婆。财主的老婆，肯定就跟这财主大闹了一场，这财主就下了狠心了。我不能占有你，我就毁了你。大家想想，这坏人就是这种心思。

他就托人去跟武大郎沟通，我这儿有一个好姻缘给你，而且不要你一分彩礼钱，倒贴嫁妆。这武大郎就平白地娶了大美女潘金莲。说到这儿大家就明白，潘金莲并不是加害者，她也是一个受害者。

娶了潘金莲以后，武大郎的挑战就来了。这件事轰动全县啊，一朵鲜花插到牛粪上了，于是，一些泼皮无赖，就整天在武大郎家门口滋事，就跟那儿喊，好好的一块羊肉，怎么就掉到狗嘴里边了？武大郎的社会压力很大，外边生意做不成了，家里生活也过不下去了。无可奈何，就收拾东西带着潘金莲躲到阳谷县来了。

这些来龙去脉，武大郎就给武松讲了。

兄弟二人一边说话，一边往前街上走，武松挑着担子，武大郎引着路，就来到租赁的房子前面。这房屋在紫石街上，旁边还有一个小茶楼。大家注意，这个地理位置是关键，这个茶楼是整个武松故事情节走向高潮和精彩的关键，也是武松的人生走上艰辛挑战的关键。后边我们会讲到。

这个茶楼转过角就是武大郎租的房子，站到门前武大郎就敲门说：娘子快来开门，让你见一见我的兄弟。

武大郎这新娶的老婆潘金莲，就从屋里出来了。武大郎就介绍，说最近县里边都在风传，景阳冈上有个打虎的英雄，新被任命成都头了，你猜这人是谁？就是我二弟武松武二郎，他就在你的眼前。潘金莲也说啊，我早就听说，这个打虎英雄的故事，原来就是二弟。这边就给武松行礼，二弟万福。

大英雄武松二话不说，推金山倒玉柱，纳头便拜。武松真是看着自家人亲啊，跪地下磕头，潘金莲都没想到，赶紧后退半步说：贤弟请起，折煞我也。

武大郎美！这边是美女老婆，这边是英雄兄弟，虽然我三寸丁谷树皮，我也有自己的春天，他很高兴。武松看着潘金莲。心里就一个感受，就是你看我哥哥艳福不浅，娶的这个嫂子真的是如花似玉。说到这里，《水浒传》第一次描述潘金莲的长相，原文是这么写的，"眉似初春柳叶""（脸）如三月桃花"。你看，柳叶眉，桃花眼，标准的中国美女。不过原文不止如此："眉似初春柳叶，常含着云恨雨愁；（脸）如三月桃花，暗藏着风情月意。"施耐庵从面貌写到生活和动机：生活质量比较低，婚姻质量比较差，有机会就要红杏出墙。他是这么写的，为后边的情节埋下伏笔。

最后，施耐庵用两句总结了潘金莲的容貌，这可能是《水浒传》这本书里写容貌写得最棒的两句："玉貌妖娆花解语，芳容窈窕玉生香。"这两句跟李商隐的风格很像。所以当时，武松看到潘金莲，武松感叹的就是，我哥哥娶了美女啊，艳福不浅。

武大郎也是这么想的，不过，我们要来分析这件事。仔细想想，大家就会发现，人生中有很多灾难是以幸福的方式开始的。比如武大郎娶潘金莲，结婚的那天晚上，武大郎幸福地睡不着觉，太开心了，娶到了美女。但是他没想到，这是自己走向深渊、走向毁灭的第一步。

在武大郎看来，能够娶到大美女潘金莲，那真是天上掉下来的"馅饼"，实在是一件大好事。但是，单纯的他却缺少对事实的预判与正视，殊不知他这个选择早已将自己置于险境之中。那么，在生活当中面对诱惑时，人们要如何做出正确的选择而保护自己不受伤害呢？

规律分析：话多生嫌，福过招灾

中国人有句俗话，"话多生嫌，福过招灾"。意思是，话说多了招人讨厌，享福享过头了，就会发生灾难。民间还有一句话，"吃饭要吃家常饭，享福要享下等的福"。我给大家讲一个经典的案例，来解释一下。

孙叔敖儿子要土地的故事

司马迁在写《史记·循吏列传》的时候，把孙叔敖排在第一位。孙叔敖在令尹的位置上一直干到去世，临死之前，他把儿子叫到病榻之前，交代后事。他对儿子说："我们的国君很欣赏我，等我去世之后，国君一定会封你一块土地。咱们楚国沃野千里，什么好地方都有，我提醒你，国君要封你地，你就要一个叫寝丘的地方。这个地方在楚国和越国的边界，土地贫瘠，而且传说有鬼怪。楚国人迷信，越国人怕鬼怪，他们都不会喜欢这个地方。你就专门要这个地方，要了之后，你就能把它守住，没有人跟你抢，你就能把它传给子孙后代。"

果然，在孙叔敖去世之后，楚王要封给他儿子一块地。楚王说："咱们楚国沃野千里，好地有的是，你挑吧。你要哪里？"孙叔敖的儿子就说："我哪里也不要，我就要楚越边境叫寝丘的地方。"大家都非常诧异，这个地方非常贫瘠，名声也不好，谁都不愿意要这么一个垃圾地方。孙叔敖的儿子坚持说要这个地方，楚王就把这块地给了孙叔敖的儿子。随着时间的推移，问题就暴露出来了——手里攥着好地的人受人嫉妒，明争暗斗，很多人来抢。陆陆续续，他们把得到的那些好地都丢掉了，自己也被明枪暗箭算计了。唯独孙叔敖的儿子攥着寝丘这块破地，没有人嫉妒，平平安安把这块地传给了子孙后代。

在这个典故背后，我们要认识到一个基本规律：好东西不一定带来好结果。享福享到头了，灾难也就来了。你看你在股市上挣了很多钱，买了很多名表，吃了很多山珍海味，到一定程度了，灾难就跟着来了。孙叔敖明白，他儿子的能力是有限的，跟别人争夺的时候是算计不过别人的。给他一块好地，他管不好，也守不住，反而会被各种阴险的人算计，被各种有权势的人惦记，最终遇到灾祸，还不如给他一块普普通通的地，能够安安稳稳、一代一代往下传。清代的左宗棠就说过一句著名的话："做人要发上等愿，结中等缘，享下等福。"发上等愿就是做事情要有一个大的发心——利国利民，为天下苍生、为老百姓谋福利。结中等缘就是认识一些平常的朋友。那些封疆大吏，那些诸侯，你跟他们结识了，看起来挺风光的。可是，你向他提要求，他可以不回应；他向你下命令，你必须落实。而且，对方一旦有个风吹草动，你可能就会身败名裂，死无葬身之地。所以，交朋友总想攀龙附凤不是什么好事。那么，享下等福呢？所谓享下等福，就是在享福的时候，要懂得适可而止。孙叔敖的儿子拿了一块不好的地，自己没有招来灾祸，没有招来羡慕嫉妒恨，并且能将地平平安安地传给子孙后代。如果他拿了一块非常肥沃的地，可能不光子孙后代享不到福，而且自己可能招致灾祸。

可以说，孙叔敖是一个非常明智的人，而武大郎就缺乏这种明智，他明明知道自己和潘金莲十分不般配，在所有人的否定和嘲笑之下，还是美滋滋地娶了潘金莲。潘金莲嫁给武大郎，是一朵鲜花插在牛粪上，而武大郎娶潘金莲，其实是在往火坑里跳，看起来一片光明，那就是在玩命。

见到武松，潘金莲心想，我怎么把这武大郎给淘汰，我怎么把这武二郎勾引过来？能嫁给武二郎，那才是真正的精彩。施耐庵写到这儿就上了一首诗，给这初次见面做了一个总结："叔嫂萍踪得偶逢，妖娆偏逞秀仪容。私心便欲成欢会，暗把邪言钓武松。"大家注意这第四句写得妙啊，"暗把邪言钓武松"，一个"暗"字，一个"钓"字，写出了潘金莲勾引动机之强，勾引手段之高。武松面临的感情风险是非常大的。在这个过程中，双方一起吃了三顿饭，共同经历了三次饭局——第一顿是动心饭，第二顿是勾引饭，第三顿是散伙饭。三顿饭各有奥妙，表现出不同的行为特点和心理状态，非常耐人寻味，下面我们一一分析。

第一次饭局：初次见面，四个感情交流途径

途径一：食物交流

首先是食物的交流。不能满足他的心，你就满足他的胃；只要满足他的胃，就能拉拢他的心。不管是带小孩还是养小狗，食物交流都是非常有效的关心和拉拢的方法。所以潘金莲就从这个角度入手，她打发武大郎说：咱们请二叔吃饭，你到街上去准备点酒食，我陪着二叔聊一聊。

武大郎跑里跑外，准备了一些酒肉，潘金莲就坐在武松的对面闲聊。武大郎在楼下就说：娘子呀，你下来安排一下酒席。潘金莲非常不屑地说：你就没有脑子，不想一想，我陪着二叔正在这儿聊天呢，你不会找隔壁的王妈妈过来？大家注意，这是王妈妈，也就是王婆，第一次出现。在这一段书里，王婆都是一个精彩的配角，后边我们还会讲到。潘金莲让武大郎请王婆安排酒食，武松就说：嫂嫂，你下去安排就可以了，我可以一个人在这儿坐着。潘金莲说：不行，我得陪着你。过一会儿，酒菜端上来了，武松坐这边，潘金莲坐对面，武大郎坐旁边，给筛酒布菜。潘金莲先敬了武松一杯酒，然后说：叔叔啊，肉要吃一点，鱼要吃一点。接着，只拣好的往武松的眼前放。注

意，这就是食物交流。

途径二：眼神交流

那第二步就是眼神交流。武松是个腼腆内向的人，你给我夹了肉，倒了酒，我就得有回应，所以武松只能连说"谢谢"。潘金莲瞪着一双桃花眼，吊着两条柳叶眉，就往武松这块看。上一眼下一眼就盯着武松。大家注意，前面我们也讲过，男人是管状眼神，男人看东西，动了心就得盯着，所以男人盯东西基本是好奇。怎么回事？他得盯着。女人是扇状眼神，她可以拿余光看到，根本不用盯着。那为什么女人非要盯着，她动了心盯着，其实传递一个信号，我对你有意思，这叫勾引。

所以男人直盯着那是好奇，女人直盯着那是勾引。这是两种思路。潘金莲今天初次见面，就要给武松传达一个信号，我喜欢你。所以就用一双桃花眼，上上下下打量武松，把武松看得非常不自在，低着头，红着脸，只顾吃。这眼神交流有了。

途径三：话题交流

接着就是话题交流，要专门找温暖的话题。武松漂泊在外，自幼没有父母的关爱，他就喜欢温暖的话题。潘金莲就说：叔叔啊，你这在县里边居住，这吃也不得吃，喝也不得喝，你不如搬到家里边来。汤汤水水我都能伺候你，上上下下打点得都很周到。你若不来的话，街坊邻居们会嘲笑我的。武松感动，武大郎也帮腔，说行行行，你就搬来吧。你看，这话题交流也有了。

途径四：礼物交流

没过几天，潘金莲开始里里外外忙上忙下地替武松操持生活，武松感动啊，于是整了一匹彩缎送给潘金莲，让她做衣服。这是礼物交流，潘金莲就笑纳了。

在两个人的初次见面中，食物交流、眼神交流、话题交流、礼物交流，形成感情的互动，双方对这份感情是认可的。不过，频道却不一样。武松对潘金莲的定位就是嫂嫂，他是含着敬重的。潘金莲对着武松，她的定位就是"备胎"，她是动了情欲的。所以这份感情中，两人的频道和导向完全不同。

住了一段时间以后，潘金莲就想，整天叔叔嫂嫂的，这有什么意思啊？我们得更近一步啊，于是潘金莲发起了第二次饭局，要拉近亲密关系。

第二次饭局：培养亲密感的五个方法

那人和人之间，如何培育亲密感呢？在这次饭局上，呈现了五个培养亲密感的方法。所以，要想跟别人拉近心理距离，最简单直接的方法是什么？那就是请他吃饭。这是最容易制造交流机会的。

《西游记》中最有代表性的就是老鼠精请唐三藏在陷空山无底洞吃的一顿饭。这顿饭里面体现了借助饭局增加亲密感的五个主要的方法。而且，潘金莲请武松吃饭，她用的也是这五个方法。施耐庵肯定没看过《西游记》，吴承恩也没看过《水浒传》，说明那个年代，大家对借助饭局拉近感情的认知是一样的。老鼠精和潘金莲思路相同，我来给大家呈现一下。

策略一：讲究背景，注意情调

在《西游记》里面，老鼠精请唐三藏吃饭，做的第一个策略是讲究背景，注意情调。你看，蝎子精请唐三藏吃饭，就是荤包子、素包子，上来喝粥、吃咸菜，我们赶紧就寝吧。这就显得特别粗鲁，特别没内涵。

老鼠精请唐三藏吃饭，准备了十八样菜，告诉唐三藏，这都是山顶上的阴阳之水烹制的上等佳肴，扁豆角、豇豆角、熟酱调成，石花菜、紫花菜，清油炒制。而且，吃饭之前，她带着唐三藏先在花园里看美景。我给大家挑着《西游记》原文中美景的名字说一说，你就能体会到这个景有多美。亭有养酸亭、披素亭、画眉亭、四雨亭，池有浴鹤池、洗觞池、怡月池、濯缨池，轩有墨花轩、异箱轩、适趣轩、慕云轩，石有太湖石、紫英石、鹦落石、锦川石。在这样美好的景色当中，我们吃这些素雅的饭菜，多么有情调！所以吃饭吃的是这种感情，这种情调。

潘金莲当然也懂这个道理啊，要找一个有情调的机会，请武松吃饭。结果过了一个月左右，突然这一天朔风骤起，彤云密布，纷纷扬扬地就落下瑞雪了。潘金莲就决定，借助这个大雪天，热热乎乎地请武松吃一顿饭，拉近彼此的感情。所以潘金莲就准备了鸡鸭鱼肉，这边热上酒，准备了红红的炭火盆，然后一个人冷冷清清地站在帘内等着武松回来。

大家注意，施耐庵非常绝妙地，用了一个词，"冷冷清清"。他为什么要用这个词？大家想象一下，一个大美女穿着单薄的衣服，楼上的火不烤，屋里的暖不要，就站在门口，孤孤单单地遥望着风雪的远方。是不是更容易惹人怜爱。所以她孤孤单单、冷冷清清，站在门口，借此调动武松的情感。

过一会儿，武松就回来了，潘金莲说：叔叔，等你点卯回来吃早餐，你为何就不回来，奴家我在门口左等也不来，右等也不来，里里外外，等了一个冰凉冰凉的，你才回来。武松就赶紧解释，县里边有公事，劳嫂嫂大驾，久等了。武松进屋的时候，潘金莲就前前后后地亲手帮他扫身上的雪，摘披肩披风，脱毡帽。这个时候潘金莲用了第二个策略。

策略二：制造接触的机会，增加亲密的感受

潘金莲不光有这个风情的策略，她还有这个接触的策略。帮助武松把衣服给换掉了，把这雪都掸干净了，就进了屋了。屋里面暖暖的生着炭火，热热的备着酒菜。潘金莲慢慢地倒了一杯酒，双手托到武松的眼前，说叔叔，请满饮此杯。那武松满心都是敬重，潘金莲对武松叫情爱，武松对潘金莲叫敬爱，这是两回事。武松端着酒一饮而尽。

策略三：含蓄表达，暗示情谊

潘金莲笑眯眯地又倒了一杯，说叔叔，饮个成双酒。大家注意，这叫暗示。不光要有风情，不光要有接触，还得有暗示，你得把话说出来，但是不能挑明了。潘金莲这酒起个名叫成双酒，这就是含蓄表达，暗示情谊。这武松觉得心里挺别扭，但是也没介意，把这杯端起来，说谢谢嫂子，一饮而尽了。

现在潘金莲有三个方法了，风情也有了，接触也有了，暗示也有了，可是三招过后，武松没反应。怎么办？潘金莲继续想办法。

她看着武松眼前火盆中的火不旺，她就拿铁柱来调，顺手就捏了武松的肩膀一下，说叔叔穿这么点衣服，你不冷吗？你看，主动来捏一下。这是加强了接触策略。接着再加强暗示，说叔叔你不会拨火，我来帮你。大家注意，成双的酒儿，我帮你拨火，其实这都是暗示。

但是，武松还是傻傻在那儿坐着。这潘金莲就急了，启动了第四个策略，交换食物。分享一个食物，交换一个食物，是表达感情非常有效的手段。所以你看，那小情侣一起吃饭，吃一个西瓜，吃一个烤红薯，你一口我一口，都是在交流感情嘛。

策略四：交换食物

潘金莲又倒了一杯酒，看着武松。喝酒不看酒，看人。看着武松，她将这杯酒喝了一半，剩下一半拿手托着，跟武松说：叔叔，你要有情意的话，把我这半盏残酒喝了。

这回武松终于忍不住了，当时就翻了脸，焦躁起来。武松点着潘金莲就说：嫂嫂，你不要这样没有廉耻，武松是顶天立地的好汉，不是那没有伦常的猪狗，你怎么能做出这样的事情？我敬重你是嫂子，你要注意自己的行为举止。你跟我哥哥过日子，外边万一有个风吹草动，武二郎认识你是嫂子，我的拳头可不认你这个嫂子。几句话说得潘金莲，那就如同一桶冰凉的水浇下来，从头发梢凉到脚跟底下。潘金莲憋个大红脸说：我和你闹着玩儿的，你如何就当真了，真是不识轻重，给自己找个台阶下嘛。

策略五：低姿态示弱，引发对方关注和怜爱

所以，在第二次饭局当中，她潘金莲一直把自己放在一个示弱的位置上，想引起别人的怜爱。我生活不好，心情不好，身体柔弱，受别人欺负，我也是个受害者呀。再加上前面的四个策略，以达到自己的目的。

但是，潘金莲没有成功，因为她面对的是英雄武二郎。以武松的英雄气概，他不会做这种苟且之事，所以什么叫英雄？就是价值观能控制感情和欲望。那什么叫无耻之徒呢？就是感情和欲望反过来去控制价值观。这潘金莲对武松还是不了解。

第二次饭局就这样不欢而散，武松二话不说，收拾东西，顶着满天的风雪，就搬家了。潘金莲来个恶人先告状，哭哭啼啼地向武大郎告状，说你那二弟不像话，他居然敢调戏我。武大郎没办法啊，说家丑不可外扬，就这样吧。

第三次饭局：消除隐患的三个办法

过了几天，武松要出差。这时候的武松跟刚回来的武松不一样了，他有牵挂了，打完老虎的武松无牵无挂。但是现在，武松担心哥哥的家庭关系，碰到这么一个嫂子，哥哥完全蒙在鼓里，这怎么办？于是，武松决定发起第三次饭局。所以武松和潘金莲的前两次饭局是潘金莲张罗的，而第三次是武松张罗的。带着几个土兵，鸡鸭鱼肉，好酒好菜，就来到哥哥家里，要一起吃个饭。

潘金莲一听说武松来了，还要一起吃饭，这个幼稚的、动了邪心的潘金莲居然认为武松对自己没死心：这看来是过了几天，又想念我了，这妇人跑到楼上去换了身鲜艳的衣服，描眉画眼，高高兴兴地来接武松。武松一看她这个姿态，这个妆容，心里就生了几分嫌弃。所以，感情讲的是志同道合，这是前提，道不同不相为谋啊！潘金莲她就不明白这个道理，你不是一个圈子的人，圈子不同不能硬融。

然后，武大郎也出来了，说贤弟啊，你却是要做何。武松说：哥哥，我要出差。临走之前跟你吃顿饭，有几句话我要跟你说。武大郎说：好吧好吧，赶紧进屋吧，把这酒菜就摆上了。土兵给布菜、给筛酒。

武松为了防范家庭的风险，保证哥哥家庭感情的稳定，想了三个防范风险的办法。

第一个办法：把握关键点，安排防范对策

武松跟哥哥说：我此去东京汴梁，少则一个月，多则几个月，哥哥你就记住一件事，每天迟出早归，关牢门户。早上十点钟以后你出门卖炊饼，晚上四点之前你就回来。到家以后，把门户关严，不要跟别人聊天，不要跟别人喝酒，安安稳稳在家里边待着。别人欺负你你也不要生气，等兄弟我回来给你撑腰。武大郎点点头，他不明白二弟什么意思，但是说行，我相信你，就这么办。

武松回过头来倒了一杯酒，看着潘金莲，说嫂嫂，我有几句话要和你说。潘金莲这会儿心里很憷，不知道武松要说什么。是表达感情呢？还是提出警告呢？看这脸色不是什么好事。她说：叔叔你说吧。武松这几句话说得很妙，武松说：嫂嫂是个精细人，不劳武二废话，什么事你心里都明白。家里上上下下都靠你打点，我哥哥是个软弱忠厚之人，全凭你来帮衬，这个家才能安安稳稳过好日子。俗话说得好，表壮不如里壮，就靠嫂嫂维持。另外常言又道，篱牢犬不入，嫂嫂要关严门户。

武松其实已经把话挑明跟潘金莲说了，你不要有外心，不要红杏出墙，而且话说得很难听，篱牢犬不入，不要勾引外边那些野狗。一句话把潘金莲就说急了。当然也是人之常情啊，一般女人听到这话都得急。潘金莲把柳眉一翻，桃花眼一瞪，说贤弟，你说的是什么话，我也是个响当当的婆娘，我的拳头上立得车，我的胳膊上跑得马。自从嫁给你哥哥，家里连个蚂蚁都没有进出过，什么叫篱牢犬不入？篱在哪儿？犬在哪儿？说话要有证据，不能随便冤枉人。说着说着就哆嗦起来，急了。这是武松的第二个办法。

第二个办法：当众承诺，不扩大矛盾

武松是不着急不着慌，笑眯眯地瞅着她发飙。等潘金莲说完之后，武松说：嫂嫂说得好，我都记住了，希望你能心口相应，说到做到，武二郎感激不尽，这一杯酒算我敬您的。

在这里边我们看到武松的策略，就是让潘金莲当着大家的面做承诺，而且绝对不会扩大矛盾，现场我不跟你吵。你做完承诺，让你自己去兑现就可以了。

武松说完这话，端着酒还来敬潘金莲，潘金莲哪有心思喝酒啊，一跺脚就站起来了，嘟嘟囔囔往楼上走，一边走一边哭。武松也不跟她计较，回过头来呢，接着跟他的哥哥，把这酒往下喝。

喝酒的过程当中，武松就跟哥哥把家里外头这些琐碎的细节聊了聊，说了说，又问了问街坊邻居的情况，把这点细致的事都做到了。让哥哥安心，我跟嫂嫂没什么事，就家常过日子，几句话说得不合适了，也没什么过火的。

第三个办法：建立彼此之间的信任

如果哥哥和武松没有信任感，这家庭风险还是防不住，所以又闲聊了一会儿，强化了信任感。"家务事"打点好了，武松这才收拾东西，辞别了哥哥，到东京汴梁去出差。

这一次出差，是知县专门安排的重要任务。知县跟武松说：我有一些私人财物，还有一封信，要送给东京的家里人，从咱们阳谷县去东京这一路上，山水阻隔，盗匪横行，交给别人我不放心。你一身好本事，我只有交给你才放心，希望你能替我辛苦一趟。而武松对知县抱有知遇之恩，有担当、有责任，当时把胸脯一拔，说蒙恩相抬举，明天便可以启程。知县当场给武松敬了三杯壮行酒。

武松本是一个无牵无挂的人，从来就是说走就走，潇洒自由。但是，这一次出差情况完全不同，大英雄瞻前顾后、踌躇再三，因为他心里有了巨大的牵挂，这个牵挂就是他哥哥武大郎的家庭关系问题。武松已经明显地感觉到了危机四伏，作为当事人的武大郎还是懵懵懂懂的，没有任何感觉。

此刻几个人的心情是，武大郎不走心，潘金莲不甘心，武松不放心。大英雄武松虽然有一丝不祥的预感，但并没有想到事态会发展得超出想象，更没有想到这次出差跟哥哥告别就是两个人生死诀别。那么，在武松出差之后，到底发生了什么情况？不甘心的潘金莲是如何一步一步走向深渊的，不走心的武大郎又是如何糊里糊涂被害的呢？请看下集。

第三讲
王婆的四碗茶

———

　　王婆可以说是《水浒传》女性中的一大恶人，是众多读者所痛恨的角色，如果没有她，西门庆不会与潘金莲勾搭成奸，潘金莲也不会亲手害死自己的丈夫。在王婆的眼里，只有利益，没有是非。正是她的这种贪婪和狠毒，才造成了一系列惨案的发生。但是最终，王婆也因为她的恶毒和贪婪，付出了极其惨重的代价。那么，王婆究竟是怎样教唆西门庆，使得事情的走向渐渐无法挽回的呢？从王婆的身上我们能吸取哪些教训呢？

　　这一讲我们要说一个跟感情有关的有趣人物，这个人物是王婆。大家看中国文化思想史上，有很多非常优美的爱情故事，中间都缺不了一个人，就是那个穿针引线、传递消息的人。比如最著名的《西厢记》里的红娘，小姐崔莺莺看上了寄宿的书生张君瑞，背着母亲约张生夜间在花园幽会，又不好亲自去找张生，就在扇上题诗一首："待月西厢下，迎风户半开。拂墙花影动，疑是玉人来。"托丫鬟红娘送去，于是约会成功。小丫鬟红娘为崔莺莺与张君瑞牵线搭桥，传书送话，最终促成了美满姻缘。后来，人们就把为男女双方穿针引线、牵线搭桥的人称为"红娘"。

不仅《西厢记》里有约会的故事，《水浒传》里也有。《西厢记》里牵线搭桥的人叫红娘，《水浒传》里牵线搭桥的人叫王婆。不过两人有点区别，红娘是"红中介"，促成了美好姻缘，而这个王婆是"黑中介"，引发了一桩命案。

我仔细地研读了《水浒传》之后，发现这个王婆不简单，她不只是在武大郎隔壁卖茶水的老婆婆，还非常懂得男女之情，具备江湖经验，用现在年轻人的说法来形容，就是这位"隔壁老王"善解风情，是一个老江湖、老司机。大英雄武松的故事跌宕起伏，其中打虎是第一个高潮，而王婆的出场推动了第二个高潮。

如果没有王婆，西门庆见不到潘金莲，武松没有斗杀西门庆，大英雄也不会上梁山的。所以王婆这种人物叫重要的小人物。《水浒传》的作者在这些重要的小人物身上费了很多的笔墨，给我们展示了世道人心，展示了人伦天理。

关于王婆这个小人物，我们要从她做的两个精彩的策划开始。

第一个精彩策划：王婆的四碗茶

这段故事要从一个偶遇说起。话说这天，武大郎上街卖炊饼去了，潘金莲在楼上开门开窗收拾屋子。开窗的时候，手一软，窗帘就从上面掉下来了，不偏不倚，正拍到楼下一个行人的头上。

这个人当时勃然大怒，一抬头，正要发作，发现窗口露出一个妇人的脸，长得如花似玉。这个人满腔的怒火，立刻化成笑意，潘金莲在楼上道歉，这个人在楼下笑眯眯地说，不妨事，不妨事。这个场景正好被隔壁的王婆看见，于是王婆在旁边帮腔，说你看，你正好从下边过，她正好在上边开窗户，怎么那么巧这帘子就打中你了？楼下挨打的人道歉说对不起啊，冒犯了娘子，失礼失礼。各位想想，这是什么意思？相当于你走在路上，别人狠狠地踩了你的脚，你还得给对方道歉。为什么你会这么礼数周全？那是因为礼下于人，必有所图。这个人图什么？就图潘金莲的美貌。

潘金莲要关窗了。这个人一边点头作揖，一边回身走，走的时候还回头六七次，看潘金莲。在人际关系中，我们会发现一个有趣的现象，就是人和人告别的时候，一般走几步都会回头说，再见再见。这样做的含义是什么呢？

第一次回头叫礼数周全。你跟别人告别的时候，人家站到门口，跟你说再见。你如果转过身来，大步流星就走了，就显得你不尊重人家。如果人站这儿不走，用目光送你的时候，你应该回头再微笑着，摆摆手说再见。

第二次回头叫依依不舍。走两步再回头说，记得跟我联系啊，下个月我一定再来……

如果第三次又回头了，是什么？这是不甘心，不想走。那楼下这个陌生人，他不是一回头、两回头、三回头，而是六七次回头，这就说明他极其不甘心，这个人动了邪心了。

这个人是谁呢？正是阳谷县里的一个财主、开生药铺的商人，叫西门庆。在西门庆出场的时候，《水浒传》这样描述他："从小也是一个奸诈的人。使得些好拳棒。近来暴发迹，专在县里管些公事，与人放刁把滥，说事过钱，排陷官吏。因此满县人都饶让他些许。"

各位看这几句话写得有多狠？通过这几句话，作者给我们展示了西门庆的两个特点：

第一个特点是官商勾结，有权有势；

第二个特点是流氓会武术，全县挡不住。

如果哪儿有个事办不成，找西门庆，给点钱就办成了；如果有个人做了点违规的事，找西门庆就能把这人捞出来；如果有人陷害官吏，找西门庆做个局，就能把这个官陷害了。所以满县的人都不敢惹他，以前卖药的时候叫西门大郎，现在有权势了，叫西门大官人。

这西门庆走到潘金莲的楼下，被帘子打中了，抬头看到潘金莲十分美貌，他便动心了。原著写到这儿，就上了一首诗，写得非常的有趣："风日清和漫出游，偶从帘下识娇羞。只因临去秋波转，惹起春心不肯休。"

西门庆从潘金莲家的楼下转过来，就到了隔壁王婆的茶铺里，王婆上来就搭讪：西门大官人，你走得好巧啊，刚刚被帘子打中头。西门庆就问王婆：那个妇人却是谁。王婆不肯直说，让大官人猜一下。西门庆说：这我哪儿能猜得中啊？王婆说：她的夫君是咱们县前卖熟食的一个人。西门庆猜了三个人，说：他莫不是卖枣糕的徐三？王婆说：要是这个人呢，也算是一对。不是！西门庆说：莫不是银担子李二？王婆说：要是他呢，也算是一对。可是不是。西门庆说：那是不是那个花胳膊陆小乙？王婆说：要是那个，那好的是一对啊。他也不是。

最后王婆说：我说出来大官人你一定会发笑，她是卖炊饼的武大郎的老婆。西门庆哈哈大笑，禁不住说了一句：苦也！西门庆笑，是觉得这个姻缘可笑，说苦，是替这个潘金莲叫屈。西门庆说：好大一块羊肉，怎么落在狗嘴里。

通过这件事，大家能体会到王婆的心理，她为什么不直说呢？其实就是吊西门庆的胃口。西门庆动心了，王婆跟他说她的丈夫是武大郎。西门庆一听是武大郎，就会特别不甘心，越不甘心越动心，越动心越不甘心，需求就被刺激起来了，下一步王婆好做文章。

在撮合西门庆和潘金莲的过程中，王婆早就看穿了西门庆的意图。但是，为了给自己增加砝码，将利益最大化，她并没有急于捅破这层窗户纸，而是通过给西门庆灌了四碗茶，更直接地说是四碗"迷魂汤"，最终成功挑唆西门庆走上了一条不归路。那么，她究竟给西门庆灌了怎样的"迷魂汤"呢？

当时说了几句话后，西门庆站起来就走了。可是走了一会儿，他又回来了，就在前街上围着潘金莲家转来转去。转了一会儿，又走入王婆的茶楼里，王婆就给西门庆上了第一盏茶：梅子茶。

王婆说：西门大官人，喝个梅子茶吧。西门庆说：多放一点酸。那哪里是茶酸，是人心里酸。西门庆喝了一口说：你这梅子茶不错，屋里是不是还有许多？王婆不冷不热地说：我一贯给别人说媒，我自己屋里不曾藏得。西门庆说：我跟你说梅子茶的事，哪里谈到了说媒？王婆说：哦，我还以为你让我给你做媒呢？我只谈说媒的事，不谈茶的事。你看这个"梅"和那个"媒"是同音的。王婆用这个"梅"来暗示西门庆，她是可以给他做"媒"的。这个技巧很高明，不直说，暗示。西门庆说：说到做媒，如果有合适的，你不如也给我介绍一个。王婆说：那我却不敢。你家大娘子知道了，万一拿那耳刮子打我怎么办？你看，她在试探西门庆。西门庆说：你不知道，我家大娘子脾气最好，你看我已经找两三个了，她也没生气。要有合适的，你给我介绍介绍，就是结过婚的、走回头路的，我也可以考虑。

王婆说：那还真有一个合适的，样貌很好，只不过年纪差一些个。西门庆说：不打紧，差两岁没关系，只要我中意就好。王婆说：这个女子呀，戊寅生，属虎的，刚好93岁。西门庆一撇嘴说：你这个婆婆，就会说疯话。

说到这儿，这段谈话停止了。王婆为什么不直接说，帮西门庆说和隔壁那潘金莲？这是王婆的心机。要让西门庆自己提，只有西门庆主动提了，王婆才可以讨价还价。她就要吊足西门庆的胃口。

西门庆晃晃悠悠笑着走了。结果天黑之前，王婆正要关门，西门庆又来了。各位注意，他一天来了三遍啊。西门庆往屋里一坐，王婆说：我给你上一盏和合汤。什么叫"和合汤"？暗示两个信息：

第一，你俩合适；

第二，我可以帮你们说和。

和合汤放这儿，两个人都不说话。王婆在那儿擦桌子，西门庆在那儿喝。喝完之后，西门庆说：把我那个茶账翻出来，把这笔也记上。王婆说：好，我都给你记着呢，咱们明天见。西门庆笑着又走了。

大家注意，两次笑着走了，说明暗示已经形成，默契已经有了，只不过双方谁都不愿意说出来。第二天一大早，王婆刚开门，发现西门庆早在门口了。转来转去，走了几圈，一头又走进茶楼里。这时候王婆心里想：这小子猴急猴急的，我且在他鼻子尖上抹一点蜜，让他眼睛看得见，嘴上吃不着，撩拨得他有一点火气了，我好跟他讨价还价，挣一点银钱。

王婆是一个市场营销的高手，她明白一个道理，要把需求点转化为痛点，才能形成交易。什么叫需求点？人人都有需求，吃喝拉撒睡、饮食男女、社会需求、尊严需求等。但是有很多需求，我们都能控制得住，这时候形不成交易，只有用一些刺激的手段，才能把需求点变成痛点，之后就能形成交易了。

举个例子，你带孩子到商场，小孩都喜欢玩具，但并不着急要买。售货员会拿着一个小飞机，或者一个大遥控汽车给孩子展示说：宝贝儿，你看个这个多好，这个会飞，这个会跑，还有声呢。小孩的需求点被刺激了，就会满地撒泼打滚儿要买。你看，需求点转化成痛点了，这个时候售货员过来说我们现在可以打七折，很容易就形成交易了。王婆就在等待这个转化。

西门庆进了屋以后，王婆说：大官人，今天早晨，我给你上一盏姜茶。这第三盏茶是姜茶。中国人有早上喝姜茶的传统，我记得我们老家有一句话：早晨吃姜暖肚肠，中午吃姜当干粮，晚上吃姜赛刀枪。晚上喝姜茶对身体有伤害；早晨喝姜茶能增加能量，拱一拱火气。王婆上姜茶，一方面告诉西门庆：我给你暖一暖肠胃，帮你拱一拱火气，另一方面告诉西门庆，这是个"僵"局，但我有解决的方法。西门庆拿着茶，一口一口地喝，问王婆：隔壁这武大郎卖炊饼，我买他三五十个炊饼，他什么时候在家呢？王婆撇嘴一笑：你要买他的炊饼，到县前的街上去买呀，哪有上门上户的，这却不好。西门庆尴尬一笑说：王婆说得对。说着站起来转身又走了。

王婆继续忙自己的事。到了下午，西门庆在街前街后、街左街右转了七八圈，又来了。王婆一看，这回可以做文章了。王婆说：西门大官人，咱们好几个月不见了。你看，这是正话反说，意思就是你咋来得这么勤啊？西门庆尴尬一笑，坐下了。王婆说：大官人，第四盏茶，我给你上一个宽煎叶儿的茶，可好？什么叫"宽煎叶儿"？意见就是帮他宽宽心，找找解决方案。

这个信息西门庆立刻就接收了，这两个人是有默契的。西门庆扑哧一笑，说：王妈妈，你却能猜透我的心？王婆说：察言观色，见其面，知其心，观其表，知其里，若问荣枯事，容颜便得知。我看你这个神态，就知道你的心思。西门庆说：好吧，咱俩打个赌，你要能猜中我的心思，我给你五两银子。王婆说：我不用猜第二次，一猜便中。你伸头过来，我悄悄说与你。

你看人家有尺度，谈心思里边的事，不大声说。王婆贴着西门庆的耳朵，压低声音说：你莫不是惦记隔壁那个妇人。西门庆一跺脚说：王妈妈，看得准。昨天见她一面，我这三魂七魄都不见了，你能不能成全我们？

《水浒传》里王婆这个人物塑造得十分精彩，到此为止，王婆说了一句话，特别老辣生动。原著是这么写的："老身不瞒大官人说，我家卖茶叫作鬼打更。三年前六月初三，下雪的那一日卖了个泡茶，直到如今不发市，专靠一些杂趁养口。"

这句话包含两个意思：第一个意思是说，她这茶楼不挣钱。三年前挣了一笔，到现在还没再挣过呢。暗示自己的需求，希望挣钱。第二个意见就是，暗示自己有能力做一点副业，但是这副业是需要挣钱的。西门庆说：那什么叫"杂趁养口"呢？王婆说：我可以保媒拉纤，穿针引线，沟通交流，推荐机会，靠这些副业挣点钱。西门庆说：好，王妈妈，你只要把我们俩说和成了，我送你十两银子。

王婆到这里，基本上达成目的了，她反复地撩拨西门庆，刺激他，最后让西门庆把钱就掏出来了。看过《水浒传》会发现，王婆的下场很惨，结局是被剐了。为什么这么安排呢？是因为王婆确实教唆别人作恶，为了自己赚到银子，做了很多伤天害理的事。

西门庆说：王干娘，要给我们俩撮合，你准备怎么做呢？王婆就推出了一个非常精细的解决方案，叫"采莲十部曲"。

第二个精彩策划：亲密关系的十个步骤

西门庆跟潘金莲属于初次见面，最多彼此有好感。男女从初次见面，彼此有好感，一直发展到亲密关系，甚至同床共枕，在正常情况下，会是一个非常漫长的过程，需要很多外部条件。西门庆既没有条件，也没有时间，可是需求很强烈。于是王婆就利用自己的江湖经验给西门庆策划了一套方法。王婆跟西门庆说：要想追女生，首先基础条件得够，还得有步骤，需要一整套解决方案，包含十步，我教给你。

西门庆说：好的，王妈妈，你说。王婆一乐，说：现在天黑了，你先回家吧，咱们三个月以后再说。你看王婆有多狠。西门庆急得受不了，一听三个月，撂衣服"噗通"就跪下了，说：王干娘，王妈妈，王祖宗，救救我，你教教我得了。

第三讲　王婆的四碗茶

　　王婆每一次欲擒故纵，其实都是为了提要求。王婆说：我教给你可以，给你提个要求。准备一匹白绫、一匹蓝绸、一匹白绢和十两好棉，我要用到。西门庆说：行，我都给你准备好。你看，王婆顺便把绫罗绸缎这些要求也提了。

　　第一步，制造理由。王婆跟西门庆说：首先，我们要寻找理由，我跟潘金莲说，有一个乐善好施的慈善家，给了我一点布匹，让我做这个装老衣服（寿衣），将来走的时候穿得体面。我拿这些布匹，到大娘子家借些针线、尺子，如果这个妇人不搭腔，这事便休了。如果她要搭腔，帮我做好，这事就有一分希望了。

　　第二步，设计主场。王婆说：我就跟潘金莲说，明天早上你家大郎卖炊饼走了，你到我家来做衣服，咱们一起做针线活。如果这妇人说不行，这事便休了。如果这妇人说好，这件事便有两分希望了。这招叫预设主场，重大的事不能打客场啊。

　　第三步，安排酒饭。王婆继续：这妇人到我家来的第一天第二天，大官人别来，我给她准备糖果酒食、好饭好菜。等到第三天的时候，你再来。如果第一天第二天她都来了，这事便有三分希望了。

　　第四步，制造偶遇。到第三天的时候，大官人假装散步到我的茶楼，说王妈妈，好久不见。然后，你就问我，这位娘子是谁，我就给你们俩介绍。如果她见你来，站起来转身就走了，这事便休了。如果她见你来，坐那儿不动，继续忙针线活，这事便有四分希望了。

　　第五步，赞美优点。她忙针线活，大官人先夸她人长得好，再夸她针线活做得好。如果你在夸她的时候，她不抬头，不回应，这事便休了。如果她跟你搭腔，这事便有五分希望了。

　　第六步，做东请客。大官人你就掏钱请客，说王妈妈，去买一点酒菜，大家坐在一起吃。如果一看到你张罗酒饭，她站起来转身就走，这事便休了。但是如果看你张罗酒饭，她坐在那儿不动，继续干针线活,这事便有六分希望了。

第七步,临时作陪。我拿了银子出门去买酒菜,我会交代潘金莲,临时陪一陪大官人。如果她站起来拒绝,这事便休了。如果她点点头,说干娘你去吧,这事便有七分希望了。

第八步,同桌饮酒。把酒菜摆到桌子上了,大家一起饮酒,你端起酒杯给她敬酒。如果她不跟我们一起吃饭喝酒,这事便休了。如果她同意了,这事就有八分希望了。

第九步,单独相处。酒过三巡,菜过五味,我会说,大官人,我这老糊涂了,说打三角酒,只打了一角,酒不够喝的,我且出去补点酒来。如果我站起来往外走,她跟着我也走了,那这事便休了。如果她不走,坐在那儿,只是默不作声,这事便有九分希望了。

等我出了门,你要做第十步,临门一脚。这个最重要,你这火候把握好了。

最大的成功是差一点失败,最大的失败是差一点成功。到这第十步,如果你做成了,是最大的成功,如果做坏了,是最大的失败。这临门一脚是什么呢?就是制造接触,试探态度。

你敬她酒的时候,假装把筷子掉到地上,蹲下身去捡筷子,乘机悄悄地在她脚上捏一把。如果她立刻大呼小叫,我会冲进门救你,保全个面子,不伤你的名声,这事便休了。如果捏完了她没什么反应,说明她对你有意,接下来你就可以捅破窗户纸,直接表明你的心思了。

王婆把这十个步骤讲完之后,西门庆惊得目瞪口呆,发自内心地赞叹,说:好好好,王干娘,我一定按照你这方法去做。不过王婆说:咱俩可说好了,前边你还许了我十两银子,这件事如果做成了,你不要忘记这十两银子。实际上,再一次就提醒我们,王婆不为感情,也不为成全别人,就是图一己私利,所以这一回叫"王婆贪贿说风情",她其实就是为了钱。我给大家总结一句话:

行为需要交集，言语需要话题，沟通需要载体。

有了这三点，人们之间的感情就特别容易升华。

王婆在这方面是动了很多心思的，后来，整个事情都是按照王婆的策划往下发展的。在这个过程中，我总结了以下四个妙着儿，体现一个女生在约会过程中的四种心理。

规律分析：与女生约会的四个妙着儿

第一个妙着儿，前有甜头，后有想头。王婆给潘金莲准备好了茶点、茶水、可口的菜、美酒。潘金莲挺高兴，但回去之后武大郎就劝她，吃人家嘴软，拿人家手短，随便占人家小便宜不合适，不如明天给钱得了。第二天潘金莲来给钱，王婆就说：你帮我干活不也没给钱吗，这是我的一点心意。今天我准备了更好吃的东西，你来尝一尝？说到这儿，作者就提醒，一般女生都喜欢赠品，都爱占小便宜，容易放松警惕，打消戒备心理。大家在生活中也有感受，很多女生买东西就为了得那个赠品。这是第一个心理。

第二个妙着儿，真心赞美、甜言蜜语。西门庆见到潘金莲之后，二话不说，先来了三个夸奖。

第一个夸奖，这位大娘子，针线活真好，比天上的织女还好，从来没见过这么好的针线活。

第二个夸奖，这娘子长得如花似玉，国色天香，真是个大美人。

第三个夸奖，听说你家丈夫是武大郎，他是一个老实、厚道的人，会过日子，能攒钱。安安稳稳，美满姻缘，很可靠。潘金莲说，他就是一个窝囊人。西门庆说：会过日子，能挣钱，又听话，这多好啊。他这话里边，有很多水分，但潘金莲心里面依然美滋滋的。

所以有人说，男人是视觉动物，女人是听觉动物，喜欢甜言蜜语，即使是假话，听了她心里也舒服。

所以大家记住，甜言蜜语对任何年龄段的女生，都有无穷的杀伤力。西门庆通过赞美，获得了潘金莲的好感。

第三个妙着儿，约人、约饭培养感情。在日常交往当中，最简单的沟通方式，就是请吃饭。为什么吃饭的时候，人们容易建立感情呢？有两个原因：

第一个，在非正式的场合，沟通交流比较方便；

第二个，在吃饭的时候，人们容易建立起食物的联结。

小时候我们吃妈妈的奶水，后来我们吃家里厨房的饭，通过这种食物联结，我们就有了家的温暖，有了父母的爱。这种食物联结的本能，在我们的内心深处，留下了深深的烙印。将来有一天，如果有一个人，陪着我们一起吃温暖可口的美食，我们对他的这种感觉，就跟别人不一样。所以心理学上说，离心最近的器官是胃，如果不能满足他的心，你就满足他的胃，这个效果非常好。这叫食物联结。

第四个妙着儿，单独相处，适度暗示。友谊是从众的，人多了之后大家心里热乎；爱是排他的，单独相处的时候，感觉才强烈。

所以要发展感情呢，一定要单独相处，另外，得有适度的暗示。王婆特别厉害，她让西门庆捏潘金莲的脚，如果对方接受就表白，如果对方不接受，说明不到火候，就赶紧收手。在人跟人交往过程中，接触是建立好感的一个主要方法。人们为什么见面要握握手，因为手跟手皮肤接触的时候，内心的好感就有了基础。据说在餐厅里，结账的时候，如果服务员小女孩用手背轻轻碰碰你的胳膊，你给小费的可能性就会大大增加。这都是适度暗示的策略。

在王婆的精心设计之下，西门庆把这些都做到了。最后筷子落到地上，西门庆偷偷地一捏潘金莲的脚，这妇人扑哧乐了，说：你对我有心，我也对你有意。你看，这段畸形的感情，就这样成了。

不过，王婆最后还有一个精彩的结尾——编筐编篓，重在收口。就在两个人成就好事的时候，王婆破门而入大吼一声：你俩做的好事！西门庆知道她是假的，潘金莲不知道，扑通就跪下了。王婆跟潘金莲说：我让你来给我做衣服，没想到你做出这种事。不如我去跟大郎说了。潘金莲就求王婆救她，替她保密。

王婆于是乘机向潘金莲提了个要求，以后每一天都到她这儿和西门大官人约会。潘金莲接受了。你看，这叫替西门庆锁住妇人。接着王婆说：西门大官人，之前答应我的那些事，你可别忘了。最后她还是没有忘记自己的这点利益。

自此以后，潘金莲每日到王婆家里和西门庆幽会。不到半月之间，街坊邻舍都知道了，只有武大郎还被蒙在鼓里。此时，一个小孩子的出现，让事情的发展陡然逆转，一场轩然大波就此开始。那么，心机过人的王婆是如何栽在一个小孩子手里的，懦弱的武大郎又是如何对付狠毒的西门庆呢？请看下集。

第四讲
一个弱者的毁灭之路

在日常生活中，有些人总是爱冲动，一旦冲动起来，他们往往不顾实际情况，缺少理性冷静的分析，而轻易做出错误的决断。尤其当自己本身在事件中就处于劣势时，这种没有策略的盲目冲动，甚至是致命的。《水浒传》中的武大郎就是这样的一个人，面对他人的挑唆，他盲目冲动，没有正视自己的客观情况，无论身份地位、身高外貌，和潘金莲相比，他都不占优势，结果走向了一条毁灭之路。那么实际上，武大郎都有哪些可以保命的出路呢？在日常的沟通和交往中，当我们作为实力较弱的一方时，紧急时刻都有哪些可以保护自己的方法呢？

有一个专业术语——刻板印象，指人们对某个事物形成一种固定的看法，并将这种看法推而广之，认为某种事物都具有该特征。

在日常生活中，人和人打交道，身高是形成刻板印象的一个重要指标。有研究发现，人们普遍认为，高个子比矮个子更有吸引力，高个子比矮个子更和善可亲。在印象形成的过程中，身高对于男人的影响要大于女人。在选举的时候，人们普遍觉得自己支持的人更高一些，而且对于身高占优势的人普遍有良好的印象。那么，身高不占优势的人只能通过显露过人的才华或者展示突出的个性优点来改善别人对自己的印象。武大郎在这方面非常吃亏，他的外号是"三寸丁"，个子矮，也没有什么过人的才华和突出的优点。他以这样的条件居然娶了美女为妻，难免被周围的人羡慕嫉妒恨。为了躲避人际关系方面的压力和威胁，武大郎搬家到了阳谷县，却没料到这里有一场更大的灾难在等着他。

阳谷县城里住着一个小孩，年纪约十五六岁，本姓乔，因为是在郓州出生的，被人叫作郓哥。他家中只有一个老爹。父子俩主要靠郓哥卖些时鲜果品赚点小钱。这个郓哥人机灵，嘴也甜，经常得到西门庆的赏钱。西门庆出手大方，一高兴就给郓哥一些小费。

话说这一天，郓哥提着一篮雪梨，四处寻找西门庆，准备多卖一点钱，但找来找去找不到。有人就说，西门庆和武大郎的老婆潘金莲在王婆茶坊里幽会呢。郓哥是个小孩，卖梨心切，就来到王婆的茶楼门口。

王婆正在门口把风呢，小孩见到王婆之后拜揖，说了一句话，体现郓哥心思的机灵和乖巧。郓哥说："要寻大官人，赚三五十个钱养活老爹。"大家请注意，这句话有三层意思：

第一层意思，我的要求不高，就赚三五十个铜钱；

第二层意思，我处境艰难，得养活我爹；

第三层意思，我懂规矩，我不说是谁，只说寻大官人。

王婆也装傻说：大官人有的是，你找哪个大官人？郓哥眯着眼睛说：就是那个俩字的官人。你看，郓哥还在打哑谜，不说真话。为了表示保密，体现这小孩的乖巧、机灵。王婆说：俩字的大官人是什么意思？这回郓哥急了，说就是在你家的西门庆。王婆心里咯噔一下：这小孩知道来龙去脉了？王婆继续装聋作哑，说：西门庆如何在我家？我这没有西门庆。这郓哥就说：王干娘啊，你吃肉，我也得喝点汤，你赚了那么多的好处，如何不分我一点？

大家算一算，王婆从西门庆身上真赚了不少好处。西门庆前后给了差不多有二十多两银子了。另外还有白绢、蓝绸，还有那些棉布，里里外外吃吃喝喝还不算。

通过郓哥这个言语我们就知道，这小孩很懂得江湖规矩。王婆听他这样说，心里边就已经起了愤怒。她瞪着眼睛说：你休要信口胡说，你这小猢狲，你懂些什么？郓哥说：我要是小猢狲，你就是马泊六。什么是马泊六呢？这是宋代一句骂人的话，意思就是拉皮条的人。王婆一听这个就急了，挥起手来就给了郓哥两个暴栗。大概就是拿着手敲脑袋。而且把那一篮子雪梨，哐一下从屋里也给扔出来了。郓哥很狼狈，《水浒传》原著是这么描述的："那篮雪梨，四分五落，滚了开去。这小猴子打那虔婆不过，一头骂，一头哭，一头走，一头街上拾梨儿。"

你看这里写得特别生动，用了四个"一头"，展示了郓哥的狼狈和可怜。郓哥咬牙切齿地瞅着王婆说：老咬虫！你等着，看我怎么收拾你。郓哥就下决心把这事告诉武大郎。

所以我们分析一下，郓哥向武大郎报信，他不是关心武大郎，也不是同情武大郎，是为了泄私愤和报仇。在整个这段故事当中，从王婆到郓哥，我们看到所有的人，都是为了自己的私利，没有同情心、友爱、关心。而且每一个人，都深谙江湖规矩，心里都有那么多的套路，让我们不由得感叹，阳谷县这个水很深啊。

郓哥走到了前街，碰到了正在卖炊饼的武大郎。郓哥就跟武大郎说：你老婆偷汉子了，你知道吗？武大郎不信。郓哥说：我都知道那个人是谁。武大郎说好，你把那人的名字告诉我，我送十个炊饼给你。这个真相值十个炊饼。

前边说过，郓哥是个要私利的人，他才不在乎那十个炊饼呢。他说：你要知道真相好办，先请我喝酒。武大郎说行，带着郓哥进了小酒店，点了酒、几盘子肉，主食是炊饼。郓哥开怀畅饮，大吃大喝。吃了一会儿，武大郎说：小兄弟，这次你告诉我吧。郓哥说不行，酒我不喝了，肉再来点。武大郎说可以，再上肉。郓哥又吃了一通，才瞅着武大郎说：你个糊涂的人，满县里的人都知道了，每天你出来卖炊饼，你老婆就到隔壁的茶楼里边，跟西门庆约会。

而且郓哥说话很有策略，先是指头上的疙瘩：你看，这是那个茶楼里王婆给我打的。再指眼前的篮子，说你看，篮子里边的梨有摔碎的，有蹭脏的，这是王婆从屋里给我扔出来的。这叫谈事从证据开始。头上的疙瘩、篮子里的梨，都是证据。武大郎说，真有这事吗？郓哥说都到这一步了，你怎么这么傻呀！武大郎一跺脚说：现在我把担子寄放在这酒店里边，我立刻就去捉奸。

通过这前前后后的表现，你就能感觉到，武大郎是个老实厚道的街头小商贩，西门庆是心狠手辣会武术的流氓，双方不动手还好，一旦动起手来，三个武大郎也不是西门庆的对手。西门庆手段歹毒，万一下狠手，武大郎肯定要吃大亏。所以，武大郎捉奸，说轻了是脑门发热，说重了就是上门送死。

有人说，难道就眼睁睁看着他们做坏事吗？不是，身处弱势时，解决方案就是"秘密收集信息"。保密最关键，保密就是保命。武大郎可以利用郓哥悄悄收集信息，让一切秘密进行，等自己的兄弟武松回来再揭露真相、惩办恶人，此为韬光养晦的万全之策。

在中国历史上，韬光养晦的例子有很多，比如韩信受胯下之辱，勾践卧薪尝胆，汉代也有一个著名的例子，吕太后忍辱和亲。

吕太后忍辱和亲的故事

汉高祖刘邦去世以后，太后吕雉收到了匈奴单于的一封信，这件事记录在《史记·匈奴列传第五十》里。单于冒顿给吕太后写信，说当年他跟刘邦曾经相约为兄弟，按照匈奴人的规矩，哥哥去世了，哥哥的老婆应该嫁给兄弟。所以单于准备要娶吕后。你想一想，这是巨大的羞辱，举国震怒，吕太后也急了。但是就在这个时候，有一些人站出来说以高祖刘邦的能力水平，当年征匈奴的时候还打了败仗，在白登山被围，差点被活捉。现在没有实力跟匈奴对决，必须韬光养晦、积攒实力等待时机，将来有机会再秋后算账。经过慎重的考虑和冷静的分析，吕太后忍辱和亲，回了一封信，说自己年事已高，不能待奉单于了，可以用汉家的公主来代替她。最后呢，汉匈和亲保证了局势的稳定，大概五十年以后，在汉匈的大战当中终于一雪前耻，打败了匈奴。

假如武大郎有这个头脑，就不会贸然地去捉西门庆。第二天，武大郎做了一点点的炊饼。潘金莲急着和西门庆约会，也没有发现他的异常。武大郎挑着炊饼担子走了之后，潘金莲浓妆艳抹，高高兴兴去见西门庆。走到县前街上，郓哥就告诉武大郎，西门庆还没来，让他先出去卖一圈炊饼，再来找自己。武大郎飞也似的，到街上卖了一圈炊饼。

炊饼卖完后回来，郓哥就说：我先进去，把王婆绊住，你一看我把篮子扔出来了，你就进去捉奸，这事就成了。武大郎说：好，你动手吧。

郓哥冲进茶楼，指着王婆就开始骂，什么老猪狗啊，老咬虫啊，马泊六啊，反正都是难听的话。王婆急了，上来就要打郓哥。郓哥回过头把篮子扔了出去。武大郎奔着门口冲过来。这边郓哥用头顶住王婆的肚子，把她挤到墙角，一下子就按到墙上，王婆动弹不得，武大郎冲进门来。王婆一看傻眼了，朝着里屋大喊了一声：武大来了。

这屋里可就乱了。潘金莲死死地顶住了门，那西门庆更怂，吱溜一下，钻到床底下去了。看着西门庆如此狼狈，潘金莲一跺脚就骂：平日里口口声声，都说自己满身好武艺，事到临头了吓成这个样子，你也就是个纸老虎，有本事你跟他去斗啊？

一句话提醒了西门庆，这哥们儿从床底下又钻出来了，瞅着潘金莲干笑了一下说：不是没这个本事，是事到临头慌了，没这个智量。从这句话里，我们能看出来，西门庆一开始并没有想把事做绝，这个事情后来的发展，完全都是王婆撺掇出来的。

西门庆抖擞精神，说：你开门，我跟他当面交锋。结果把门一开，武大郎正在门口叫，西门庆大喊了一声：不要来。从屋里出来，飞起右腿，一脚就踹中了武大郎。大家注意他俩有身高的差距，武大郎矮啊，西门庆这一脚正踹到武大郎的胸口，当胸一脚，将武大郎踹倒。只见武大郎脸色蜡黄，眼睛一翻，噗的一下，就吐出一口血来。这边西门庆一边骂，一边就走了。这边王婆、潘金莲赶紧把武大郎扶起来，撸背，捶胸，摁人中。给他灌下去一点温茶水。武大郎这口气才喘上来。于是俩人把武大郎抬回到他自家的床上，盖上被子，这事算告一段落。

对手是凶狠的，现实是残酷的。武大郎此刻正面临被杀人灭口的生命危险，要想报仇，先要保证自己的安全。接下来，他应该采取什么策略呢？根据博弈论的思路，我给武大郎提供了两个方法，保证他在弱势的情况下，可以自保。

方法一：通过调整对手的预期自保

首先，作为弱者，你得跟对方沟通，让对方对未来有一个预期。大家看武大郎是怎么沟通的。武大郎躺到楼上，潘金莲也不管他，每天浓妆艳抹，早早就出去和西门庆约会了。武大郎受了重伤，没人伺候汤水，也没人给喂药。晚上潘金莲回来的时候，武大郎就跟潘金莲说三个层面的问题。

第一个层面，讲事实。潘金莲跟别人勾搭通奸，撺掇奸夫将丈夫踢成重伤，这个事实很清楚。

第二个层面，讲预期。武大郎说：我现在身染重病，没饭没水、没汤没药，我也不能把你们奈何。可是你要明白，我还有个兄弟武松武二郎，打虎的好汉，他的性格你们也知道，将来他回来，有你们好看的。

第三个层面，讲条件。武大郎说：你现在要好好照顾我，帮我恢复健康，把身体养好了，我可以原谅你，这件事我不告诉我兄弟。如果现在你不保全我、照顾我，等我兄弟回来，他必然和你们算账，有你们好看的。

武大郎这个威胁说得很到位，但也通过威胁把自己推上了死路。这段话是完全错误的，在这个关键的被动时刻，这样说就等于逼着敌人杀自己灭口。

我们来分析一下，对西门庆和潘金莲来说，武松的威胁是现实而且可怕的，他们确实怕武松。不过，此时此刻，武大郎使用这种威胁方式恐怕只能加速自己的死亡。

我们运用博弈论，从西门庆的角度来分析一下这个事情。西门庆有两个选择：一、如果武大郎心怀不满，一定要对武松说出真相，那么西门庆必须先发制人。西门庆杀死武大郎之后，搞一些伪装，可能还有蒙混过关的机会，否则一旦被武大郎说破，自己必死。所以，武大郎如果要说出真相的话，西门庆最好的办法是提前动手。二、如果是另一种情况，武大郎信守诺言，不说出真相，西门庆最好的选择还是把武大郎灭口，不留后患，因为只要武大郎活着，就有可能将真相说出，自己还是难逃一死。

对西门庆来说，无论武大郎是否说出真相，把武大郎消灭掉都是最好的办法。从武大郎开始威胁西门庆那一刻开始，他就走上了死路。

那么，作为弱者的武大郎，跑也不能跑，打也不能打，如何才能使用合理的威胁策略达到自保的目的呢？我推荐两个经典的弱者博弈思路：一是把自己的最坏和对手的最坏紧紧联系在一起，二是给对方留下希望，通过放下掌控权，让对方有安全感。弱者武大郎在面对强大的西门庆时，只有这样做才有活下来的机会。有人说，都什么时候了，还向西门庆服软？跟他拼，大不了同归于尽嘛！如果想以死相拼，武大郎就不用考虑别的，大张声势控诉西门庆和潘金莲的奸情就可以了。

> 策略不是给绝望的人准备的，策略不是给疯狂的人准备的，策略是给充满希望、理性和冷静的人准备的。
> 斗争的精彩在于消灭敌人，同时自己活下来，而且能放下黑暗的过去，重新开始，把生活过得更好。

那么，面对西门庆，武大郎应该如何利用博弈策略自保呢？我有两个建议：一、写一封书信给武松，但主要是让潘金莲看，上面白纸黑字写清楚，外边的流言蜚语不要信，潘金莲是清白的。只要哥哥不出问题，兄弟就不必在意那些传闻。但是，如果哥哥有个三长两短，那谣言恐怕就是真相。那个时候，你一定要追查此事，为哥哥报仇。

二、请街坊邻居吃饭，装傻说娘子对我很好，大家不要轻信谣言，我现在活得很开心，一切谣言都是捕风捉影。当众表态，这还是为了自保。留得青山在，不怕没柴烧。

但是武大郎没做，武大郎要听过我们今天的课，他可能就不会死。武大郎使用的是最差的策略，就是在处于劣势的时候，表示和对方玩命，威胁对方要公布真相，把自己陷入危险的境地。

武大郎娶潘金莲是动了贪爱之心，现在捉奸是动了愤怒之心。武大郎对生活没有一个清醒的分析和判断，偏偏情绪易激动，这样，就把自己推到坑里边去了。人生最大的悲剧就在于，很多人都是自己把自己坑死的，可是直到崩溃的时候，也不相信这一点，总觉得是别人害自己。

方法二：通过退出机制自保

武大郎威胁完潘金莲，潘金莲回过头就跟王婆和西门庆一五一十地说了，西门庆冒出一身冷汗，说自己忽略了一个问题，他兄弟武二郎是可以打死老虎的，在原著中，西门庆道："哎呀，苦也！"

不过让人佩服的还是王婆。王婆一撇嘴，说：西门大官人，你是掌舵的，我是撑船的，事到临头，我还没怕呢，你先怕了，还算个爷们儿吗？西门庆说：王干娘，那你说，怎么办？我求求你，快救救我的命。王婆说，这事有两个解决方案：第一，叫"短做夫妻"。第二叫"长做夫妻"。什么是"短做夫妻"呢？就是现在咱们哄着武大郎，他弟弟回来之后，他就不会公布真相。然后你们俩赶紧分开，平息舆论。等他弟弟将来外出，你们再偷偷约会。西门庆和潘金莲都摇摇头，认为这个方案既不现实，也让人不甘心。王婆说，还有一个方案，"长做夫妻"。就是一不做二不休，来个杀人灭口。

我们分析一下，王婆为什么要给西门庆出这么狠辣的招数。她和武大郎无冤无仇，出狠招无非是贪图更多的钱财。西门庆是个没有主见的人，潘金莲紧急时刻也只是慌乱，王婆要尽量制造混乱失控的局面。对王婆来说，局面越难以掌控，西门庆就越离不开自己，自己就可以提出更多的钱财要求。

面对恶人的歹毒计谋，此时的武大郎恐怕只有一线生机可寻，这就是迅速寻找退出策略。大家知道，在玩扑克的时候，一旦发现自己毫无优势，为了确保不经受更大的损失，可以采取"弃牌"的策略，既认输了，不打了。这就是退出机制，承担小损失，避免大损失。所以，此时武大郎唯一的保命手段就是赶紧写一纸休书，休了潘金莲。

我们做一些总结。弱者需要联盟，也需要整合资源，但在合作过程中必须注意三点：

一、实力接近才能持久合作，这是弱者联盟的基本前提；

二、随时评估风险，风险越大，收益越大，收益越大，风险也越大，有些收益是不能贪的；

三、随时有退出机制，这是弱者联盟的最后底线，所谓"三十六计走为上"。

武大郎没有优势本不该贸然捉奸，在病床上更不应如此糊里糊涂威胁强势对手，如果及时退出、写休书就不会一命呜呼了。

可怜的武大郎是怎么死的呢？西门庆从家里拿来砒霜，王婆把它捣碎了，教潘金莲把砒霜给武大郎拌到药里边，给他下毒。

潘金莲就到武大郎床前来哭，武大郎说：你把我害成这样，你哭什么哭？潘金莲说：我被那厮给骗了，他又把你踢成这样，我问大夫要了一服药，想给你治病，但又怕你猜忌我，思前想后，进退两难，所以我在这儿哭。武大郎居然就信了！武大郎说：你只要救得我命，旧账一笔勾销，咱们还是好夫妻，你赶紧去抓药吧。潘金莲把药拿来了，跟武大郎说他这病症状比较重，大夫说需要半夜吃。各位，什么药需要半夜吃？这不反常吗？反常的事背后必有巨大的风险。武大郎他傻啊，也没想这个。半夜潘金莲按照王婆所教，烧一锅热水，先煮一块大抹布，煮这个大抹布做什么用呢？后边大家就会看到一个特别血腥的场景。这个王婆，真的是一个老江湖，以她这个心机和手段，恐怕很多男人都死到她的手上了。她还让潘金莲再准备两床大被子，到时候有用。

潘金莲把药拿过来，武大郎还挺感动的，说等喝药身体好了，继续过好日子。药进了嘴，大郎说这个药怎么这么难喝？潘金莲说：良药苦口利于病，只要能治病，难喝一点没关系。

接着，第二口药一下又给武大郎灌下去了。这个砒霜，进了武大郎肚子就有反应了，把他疼得满床打滚，说，苦也，怎么这么疼。潘金莲怕吵着街坊四邻，拿两床大被子直接就盖到武大郎身上，说：大郎，发发汗你就好了。自己趴到被子上边，咬紧牙关，使劲儿摁着四角，不让武大郎出声。这就是潘金莲的"一被子"结束了武大郎的"一辈子"。

武大郎渐渐地就没了声息。打开被子一看，七窍流血，肝肠迸断。这时候，大抹布有用了。王婆早就设计了，说中了砒霜的人，第一，肝肠迸断，内脏出血，鼻子、嘴里会有很多血。第二，毒发的过程很痛苦，病人会咬牙，唇上有牙印。所以需要提前准备一块大抹布，把血擦干净，把牙印抹平，这样不留作案痕迹。大家看看，通过这个细节，你就知道王婆真的是一个用砒霜下毒的高手。

到此为止，稀里糊涂的武大郎中了奸人的圈套，最后丢了性命。

我们做一点总结，叫作"王婆阴狠老江湖，西门流氓会武术。金莲美貌无情义，武大憨直好糊涂"。武大郎的糊涂体现在这么几点：

第一，以自身的条件娶潘金莲，这叫找死；

第二，以当时的弱势情况，上门捉奸，这叫送死；

第三，被打了不能动以后，躺在病床之上跟对手摊牌，这叫作死；

第四，不等自己兄弟回来，就擅自动手，这叫糊涂死。

前面我们还讲过，当初如果武大郎在娶潘金莲的时候好好想一想，后边这些灾难就不会发生。当时我们分析，武大郎娶潘金莲可能有两个原因：第一个原因，就是财主给的陪嫁特别多；第二个原因，就是潘金莲特别美，让武大郎动心了。

儒家谈自知的故事

儒家有个经典的故事。孔子和子贡、子陆、颜回一起聊天，谈到什么是智，什么是仁。子陆说，智者使人知己，仁者使人爱己。子贡说，智者知人，仁者爱人。而颜回说，智者自知，仁者自爱。孔子说：颜回说得好，我认可颜回的观点。

这个故事告诉我们，过日子不要眼睛光盯着别人，争那些不该属于自己的东西，应该有个自知自爱之心，从自己的实际出发，接受自己的缺点，发挥自己的优点，接纳自己的生活，这种自知之明是一定要有的。

所以，精彩的人生，不是你什么都得到了，这是恐怖的人生，是有危险的。精彩的人生，不是实现了完美的自己，而是找到了完整的自己。有优点我们就发挥，有缺点我们就预防，该拿的就拿，不该拿的就不拿，总是欠着这么一点。

这才是真正应该有的状态。

就这样，武大郎被王婆、西门庆和潘金莲三个人阴谋害死了，他死于对手的阴狠，也死于自己的考虑不周。那么，谁来替他报仇、惩治恶人呢？当然是大英雄武松。凶手精心策划，真相被一层层掩盖起来，武松又是用了什么样的方法快速查明真相、惩治凶手的呢？请看下集。

第五讲
危难时刻有静气

《水浒传》中有许多形色各异的小人物，施耐庵对他们用墨不多，但这些小人物却对推动小说的故事情节起到了巨大作用，可以说小人物也有属于自己的大舞台。在武大郎被毒杀的案件中，何九叔就扮演了极其重要的角色。作为负责武大郎入殓事宜的地保，何九叔面临着巨大的压力，如果对武松如实说明真相，则极有可能遭到西门庆的毒手，如果隐瞒真相，则武松的打虎铁拳也不是吃素的。在这两难之中，何九叔最终做出了智慧的选择，帮助武松为哥哥报仇。那么何九叔做出选择依据的是什么标准？我们从他的举动中又能得到怎样的启发呢？

《庄子·外篇》记载了盗跖和他手下人的一段对话："故跖之徒问于跖曰：'盗亦有道乎？'跖曰：'何适而无有道邪？夫妄意室中之藏，圣也；入先，勇也；出后，义也；知可否，知也；分均，仁也。五者不备而能成大盗者，天下未之有也。'"在盗跖看来，判断情况，以决定是否可以下手，为智；能猜出房屋财物的所在，为圣；行动之时，一马当先，为勇；行动之后，最后一个离开，为义；把所盗财物公平地分给手下，为仁。成语"盗亦有道"就是由此而来的。王侯将相、贩夫走卒，三百六十行，每行有每行的规矩，做什么事都要守规矩。不管是大人物，还是小人物，为人处世都必须有原则和底线。

《水浒传》里也有这样一个坚守原则和底线的小人物，这个人是帮助武大郎沉冤昭雪的关键人物。此人就是武大郎所住的紫石街的地保，大家都称他为何九叔。

《水浒传》原著说，何九叔是个团头。所谓团头，就是地方上的地保。按照宋代的规章制度，街道上如果突然死了人，要经过地保确认才能顺利地入殓。在王婆的唆使之下，潘金莲与西门庆合谋毒死了武大郎，接下来应该怎么办？

王婆颇具江湖经验，她说：事到今日，有一件要紧的事情必须要办，办成了一切皆顺，办不成咱们大家一起死。

王婆说：武大郎的尸身要顺利地入殓，需要经过何九叔认可。这个何九叔是个极其精细的人，万一他看出什么破绽，张扬出去，那就要出大事。西门庆把胸脯一拍，说：这事我来摆平，他必然要听我的吩咐。

为什么西门庆有这个自信呢？西门庆作为阳谷县衙指定药材供应商，跟县里的官员都有勾连。而他本身又有点江湖黑道的手段，所以西门庆非常自信，摆平何九叔不成问题。

三个人商定，西门庆出钱，王婆去买棺材，准备花圈、纸马、纸人来办葬礼，一边安排人去请何九叔。

第二天早晨九点多，何九叔就来到紫石街上。在巷口一抬头，看到了西门庆在那儿站着。何九叔有点意外。西门庆笑呵呵地上来说：何九叔，你这是去干什么？何九叔说：卖炊饼的武大郎意外死亡了，要入殓，我去操持此事。西门庆压低声音说：这事不急，何九叔，借一步说话，我有几件小事要和你商量。接着把何九叔拉到一个僻静的小酒馆里，好饭好菜好酒点上，何九叔觉得很蹊跷：

第一，过去跟西门庆没有任何交往；

第二，不打招呼，突然约着一起喝酒、聊天；

第三，以西门庆的社会背景，对一个地保这么低声下气，这里有问题。礼下于人，必有所求。

按照《水浒传》原著的描写，这顿酒一直喝了两个小时，就从九点多喝到十一点多，眼见着喝得差不多了，西门庆从包袱里掏出十两纹银，往何九叔眼前一递，说：些许薄礼，不成敬意，请你收下。何九叔忍不住站起来后退半步说：西门大官人，有话您吩咐，这钱我断断不能要啊！西门庆说："别无甚事，少刻他家也有些辛苦钱。只是如今殓武大的尸首，凡百事周全，一床锦被遮盖则个。别不多言。"各位想想，"一床锦被遮盖则个，别不多言"。这十两银子是什么意思？封口费。

何九叔听完这句话，看着钱，立刻什么都明白了，点点头，收下钱，然后径直来到武大郎家。这王婆跟潘金莲正在门口等着呢，潘金莲瞅着何九叔，哭哭啼啼的。何九叔一看就看出问题来了：

第一，这个"三寸丁谷树皮"原来有这么一个如花似玉的老婆。

第二，这个妇人只是在干号，没有眼泪，明摆着是假哭。

第三，潘金莲的眼神左顾右盼，飘忽不定，心里必然有鬼。

再加上入殓之前西门庆给了自己十两银子，何九叔想武大郎估计不是好死，恐怕这个妇人跟西门庆不是一般的关系。

进门后，武大郎的尸身躺在灵床上面，脸上盖着白布。何九叔伸手掀开白布就要验看一下。这一掀不要紧，何九叔"啊呀"大叫一声，一口血"噗"地就喷出来了，脸也黄了，指甲也青了，嘴唇也紫了，直翻白眼，四肢抽搐，躺到地上，没动静了。这可不要紧，周围的伙计、看热闹的邻居都给吓傻了，这是怎么回事？

王婆有应对经验，说这一定是中了邪、犯了病了，赶紧对着何九叔喷凉水。何九叔悠悠地醒来。王婆准备了一个门板，派两个伙计，抬着何九叔回家里面去了。

何九叔的老婆急得开始哭。等周围的人都陆续散去了，何九叔眼神神秘、笑嘻嘻地对老婆说：别哭，都是假的，是我装的。

他为什么要装病呢？何九叔已经看出一些问题了。大家来听一听他给老婆做的分析：

第一，西门庆无缘无故给了他十两银子，这事蹊跷；

第二，潘金莲行为举止十分可疑，干号无泪，眼神游移，何九叔心里有八九分疑忌；

第三，揭起千秋幡看时，只见武大郎面皮紫黑，七窍出血，唇口上微露齿痕，定是中毒身死；

第四，作为地保，发现问题是有责任追查的，本想声张起来，但怕得罪西门庆；

第五，如果遂了西门庆的心愿，马马虎虎处理过去，又会留下祸根。武大郎有个兄弟，便是前日景阳冈打虎的武都头，是一个杀人不眨眼的汉子，倘若早晚归来，必然要查明此事，到那时恐怕自己要跟着西门庆一起倒霉。

何九叔是个精明的小人物，察言观色就看清楚了问题所在，但他应该怎么办呢？他想出了一个好主意，装病。通过装病，他迅速撤离现场。他不敢检举揭发恶人，但也让自己尽量不卷入其中。

其实，生活在夹缝当中的何九叔的老婆也是高手，她给了何九叔三个建议：第一，不违反原则，首先要自保；第二，不参与作恶，能回避就回避；第三，给真理和正义留点余地，给光明和未来留点空间。

何九叔这件事处理得就很到位，这样的小人物虽然很无奈，但是也挺让我们佩服的。我想起了一句话，放在何九叔的身上很合适：

> 人可以卑微如泥土，但是不能扭曲如蛆虫。

就是因为何九叔这一点点正义和良心，后来武大郎的冤屈才能得到昭雪，武松才能够找到真凶。

但此时，身在东京汴梁的武松还蒙在鼓里，对阳谷县发生的事情还一无所知呢。武松将县令让送的东西都送到了，做了交割，在汴梁城停了几天，带着手下人风餐露宿，一路回到了阳谷县。到县衙门把公事都办完之后，就来紫石街找哥哥武大郎。

结果武松走到院里边，就感觉气氛不对，远远地看到院里放着灵位，灵牌上写着"亡夫武大郎之位"。武松的脑子"嗡"的一响，整个人都恍惚了，出大事了！武松根本没有想到，自己离开这么短短的时间，家中出了这么大的变故。武松虽说对潘金莲有反感，但是没有怀疑她，他想不到这个女人会下狠手。所以，面对哥哥突然死亡这个蹊跷的事件，武松决定要追查真相。武松也是个有心机、有经验的人，他用了三个简单的方法。

第一个方法：对照事件流程，反复核对细节

武松听潘金莲说武大郎突然死亡了，紧跟着就问了三个问题：第一，哥哥几时死的；第二，得了什么症候；第三，吃了谁的药？三个要紧的问题一下就把潘金莲给问慌了。潘金莲支支吾吾地回答了一段话："猛可的害急心疼起来。病了八九日，求神问卜，什么药不吃过。医治不得，死了。撇得我好苦！"

大家注意，这段话漏洞百出。首先，她没有回答几时死的，只大概说，病了八九日，特别模糊。其次，她没有说是看了什么大夫，用了什么治疗方案，只说是求神问卜。第三，她也没说吃的什么药，只

是反问了一句：什么药没吃过？

潘金莲的回答含含糊糊，言语不清，明摆着就是心虚，所以假的东西是禁不住细节考究的。

眼见着潘金莲心理素质不行，言语不到位，马上就要被武松追出真相来，旁边站出来一个人帮潘金莲打圆场，这个人就是隔壁的王婆。她说：都头，天有不测风云，人有旦夕祸福。谁保得长久没事？你看这话一下子，把武松说得没话往下接了。

那在这段对话里，我们能感觉到，武松是有想法的。而且，在阳谷县做都头这段时间里他也得到了锻炼，他明白，要想追查真相必须抓住细节。我们日常生活中也是这样，如果你觉得谁撒谎了，不用当场跟他较真，你追几个细节就可以了。

武松当然是有这个经验的。当天晚上，武松就睡在武大郎的灵前。这天晚上他还做了一个怪梦。

武松的潜意识觉得哥哥是被害死的，所以就梦见了哥哥的冤屈。噩梦醒来是早上。洗漱已毕，武松再次来追问潘金莲：嫂嫂，既然是得心疼病死的，我问你，谁给开的药，谁买的棺材，出殡的时候是谁抬的？你看武松这细节追得多细。

不过潘金莲头天晚上已经做了功课了。在王婆的指导之下把武松的问题和自己的答案都捋了一遍。潘金莲说：要问谁开的药，找的大夫太多了，我也记不住，那有药方，你自己查吧。要问买棺材，那是王干娘给买的。要问抬棺材，那是地保何九叔张罗给出的殡。

不过通过这段话，武松就找到了一个关键的线索，这个人就是何九叔。

再大的门只有一个小钥匙孔，所以做事情要抓关键。只要找到这个钥匙孔，再大的门也能打开。武松就启动了第二个方法来追查真相。

第二个方法：对于重要人物，先讲明利害，再追问是非

武松吃了点东西，换了身衣服，随身带了一把尖刀，拿了点银子。大家注意，这把刀有用。然后按照士兵指的地址来找何九叔。

这几天何九叔心里也不安，正坐在家中，听得院里有人喊：何九叔在家吗？武松有事来找你。何九叔心里一动：人在屋中坐，事从天上来，今天看来逃不过了。何九叔忙不迭地就去拿东西——那三件证据。出了院门，见到武松，作个揖。

两个人来到一个小酒馆，选了一个僻静的座位坐下。武松点了一桌子酒菜，也不说话，这边闷头吃，那边闷头给何九叔倒酒。酒过三巡，菜过五味，半斗酒都喝完了，武松突然站起身，一撩衣服，"嗖"地一下从腰间把尖刀就拽出来了，瞪着何九叔，"咔"地一下就把刀插到了桌子上。吓得何九叔也站了起来，脸都白了，说：武都头，有话好说，不要动刀。

武松说：俺是个粗疏的人，但是明白冤各有头，债各有主的道理。何九叔，我哥哥怎么死的？来龙去脉，请你跟我说个实话。我要伤害你，我不算好汉。但是如果你要撒谎，这一把刀下去，你身上要有五六个透明的窟窿，休怪得我。最核心的一个问题，我哥哥下葬的时候他是什么样子，你给我描述一下。所以大家听听武松这段话，有承诺、有威胁、有诉求，这是真正的沟通啊，要点把握得特别准。

何九叔点点头，眼前这杯酒一仰脖喝下去，这边把包袱拿出来了，说：武都头，我要说的话全在这三件东西上。这十两银子是出殡的当天那开生药铺的西门庆给我的，让我凡事"遮盖则个"。这是封口费。这骨头不是别人的，就是你哥哥武大郎的，看一看，又酥又黑，明显是中了毒。那一天我去入殓，揭开白布看到你哥哥七窍有瘀血，唇上有齿痕，那一定是中毒死的。另外这有一张纸，这张纸上面，年

月日时，出殡当天的那些人，上面都写着呢，这就是我的口供。武都头，这些东西我提前都给你准备好了，就等着你来要，希望你能替你哥哥去申冤昭雪。

武松点点头，说：何九叔，真没想到，你还是个有良心的人。那你觉得我这个哥哥是怎么死的呢？他跟西门庆有什么关系？何九叔说：别的事情我倒不知道，只是在你哥哥死之前听有人风传，有一个叫郓哥的小孩带着你哥哥去隔壁那个王婆的茶楼里捉奸，然后被踢伤了。其他的事情我就不知道了，恐怕这个事你还得去问郓哥。你看，这里引出了第二个关键人物——郓哥。

此时武松做了一件特别精细的举动，说：你也不要走，咱俩一起去。防止何九叔说谎、逃脱，另外还可以当面对质。

武松见到郓哥，带着一副笑脸问：你是郓哥吗？郓哥也很聪明，看看何九叔，看看武松就明白八九分，于是就把事情的来龙去脉给武松讲了一遍。真相终于浮出了水面。

整个事情都交代完了后，武松一手拉着何九叔，一手拉着郓哥，要到县衙去告状。这个时候，武松还存着幻想，希望通过官方手段解决问题。击鼓升堂后，县官挺纳闷儿，说：武都头，你刚回来，告什么状？原著里武松是这么说的："小人亲兄武大，被西门庆与嫂通奸，下毒药谋杀性命。这两个便是证见。要相公做主则个。"武松拉着两个证人，想为哥哥这谋杀案立案。县官说：捉贼见赃，捉奸见双，你有什么证据？武松又把三件物证拿出来了，西门庆的银子、武大郎的骨头、出殡当天的名单。县官让武松明天再来。俗话说夜长梦多。听说武松来告状，当天晚上，西门庆紧急出动，上上下下打点了一遍，第二天就出现了逆转。

武大郎一案证据确凿，就在武松以为官府会为自己做主的时候，县太爷以事实不清为由，断然拒绝了武松的立案请求。接下来，武松使用了第三个追查真相的方法。

第三个方法：关键时刻，动脑静心

武松把何九叔和郓哥带回自己房间，安排土兵伺候他们。其实一是保护，二是监视，不要让他们离开那房子。这边武松又拿了银两，带着几个土兵就到街上去了。首先，他买了几张纸。各位，这就是武松精细的地方。然后，武松开始做五件事，一共十个字：办宴，拖人，关门，亮刀，审问。这五件事把整个事件的冤屈就都给解了。

第一件事，办宴——寻找机会。武松带着这些当兵的买了一头猪头、一只鸡、一只鸭、一堆水果、一担酒，带着这些东西就回到紫石街武大郎的宅子里。潘金莲正在楼上假哭呢，武松把东西放下，站在楼下，对着潘金莲说：这几天家里出事，麻烦了街坊四邻，现在我准备办个酒席，正好哥哥也头七了，我们答谢一下邻居。

第二件事，拖人——搜集证人。拖是拖拽的拖，就是不来也得硬拉他来。第一个拽来的人是王婆。王婆心里有底，西门庆已经打了招呼，不会立案的，所以她就来了。接下来，武松拉来了四个关键证人。

第三件事，关门——封锁退路。武松安排几个土兵把前门、后门都关了，不让他们走。这边就倒酒，说：麻烦大家了，这是武松的一点敬意。酒喝到第三杯的时候，胡正卿先站起来了，说家里还忙，想先走。武松一瞪眼睛：你不能走，还有些话要说。把他又按下了。

第四件事，亮刀——说明利害。这酒喝到第七杯的时候，武松抡圆了刀，啪嚓，就插到桌子上，一对虎目圆彪彪地盯着大家。武松说：俺是个粗人，但是懂得冤各有头，债各有主，今天请各位高邻来就是做个见证，都不要走，我不会伤害你们，否则不是好汉。但是谁要走了，休怪武松不客气。这一把刀下来，把大家都吓傻了。

第五件事，审问——证据落实。

接着武松这边点住王婆说：一会儿再跟你说话。这边，一手揪住潘金莲的头发，另一只手劈胸拽住她的衣服，就跟拎小鸡一样，把潘金莲拎起来了，一脚踢翻了桌子，一回手，把潘金莲横摔到灵床上，拿脚踏住。潘金莲说：叔叔你不要杀我，我全说。武松就把潘金莲扶起来，潘金莲一五一十，前前后后都说了。这时候，武松的高明就表现出来了，拿几张纸铺在桌子上，把这些一条一条都记下来了，还安排这些人挨个画押签字。潘金莲、王婆、四个证人，挨个画押签字。

就这样，把整个事情都记录得完完整整后，才一刀捅死了潘氏，算是给哥哥报了仇。

在这个过程中，我们看到武松的状态非常稳，不激动、不愤怒，即使是生死相逼、以命相搏的时候，他也有一分冷静在里面。所以我有两句话给大家：

> 很多事情不是方法问题，是状态问题。状态不到位，什么方法也不起作用；把状态调整好了，不用什么方法，低头干就可以了。

> 多动脑子、少动心。遇到事的时候情绪要稳，心态要平，少一些负能量，把烦恼和情绪放下，启动理性和智慧，很多问题就解决了，另一些问题就烟消云散了。

所以，武松在关键时刻达到了多动脑子少动心的境界，稳稳当当地把这些事都办成了。然后怀揣着尖刀，拿着口供，拎着潘金莲的人头，要去找西门庆。这才是真正的元凶，要把他给杀了，为哥哥报仇。这就是《水浒传》非常著名的一回，叫作"斗杀西门庆"。

可是各位，西门庆在阳谷县根深蒂固，盘根错节，经营多年，黑白两道都有人，很有实力。而武松只有一把尖刀、一颗虎胆，人单势孤，武松能不能杀西门庆为哥哥报仇，杀了西门庆以后会不会被暗算、被报复？这些事情最终将怎样解决？请看下集。

第六讲
声誉口碑威力大

———

声誉是一种宝贵的资源，有了这个资源，就会有信任、有支持、有机会。做企业要讲究品牌声誉，比如，吃酱菜选六必居，五必居不行，七必居也不行，治伤用云南白药，云南黑药、黄药、红药都不行。几个字里浓缩着长时间的投入积累下的知名度和美誉度，独一无二，不可替代，具有巨大的商业价值，是其核心竞争力的重要组成部分。做人也要讲究个人声誉，比如赤发鬼刘唐掌握了生辰纲的信息，准备谋划智取生辰纲，他就要找托塔天王晁盖做合作伙伴，因为晁盖有足够好的江湖声誉，值得信任。关云长温酒斩华雄，赵子龙大战长坂坡，鲁智深倒拔垂杨柳，英雄出场之后，做一两件关键的事，通过广泛传播，积累足够多的知名度和美誉度，就能为之后的事业和人生打下坚实的基础。

武松假借请客之名，邀请了街坊邻居，在众人见证之下，记录了王婆和潘金莲的口供，随后在灵前杀死了潘金莲。下面来给大家讲一讲武松斗杀西门庆。

武松怀揣着口供，腰插着利刃，手拎着人头，大步流星地来到西门庆家的生药铺,他来找西门庆。可是西门庆怎么可能在自己"公司"里待着呢?所以主管告诉武松,我们西门"董事长"不在。一听这主管讲西门庆不在,武松很平静、很温和,说:我有几句要紧的话想跟你说。这主管认识武松,不敢得罪呀,就跟着武松到了一个僻静的地方。武松再一次把刀亮出来了,请大家注意这把刀,肩宽背厚刃飞薄,攥在手里面,武松把虎目圆睁,跟那个主管说:你要死还是要活?主管都傻了:武都头啊,我俩往日无冤,近日无仇,你为啥要害我性命?武松说:我不害你性命,你需对我说实话。西门庆在哪里?说完就放你走。主管说:他在狮子桥大酒楼里与人饮酒。武松得到真实消息了,把刀收起来,大步流星就奔这个酒楼来了。

武松问楼下的酒保,这西门大郎在哪儿?酒保说:在楼上临街的雅座里面喝酒。这武松就撞上楼来。各位注意,《水浒传》作者的文采很棒!这一个"撞"字就写出了当时武松的勇猛、坚强,以及下狠手做事的决心。

撞上楼来呢,隔着窗户看到那雅座里面西门庆跟一个财主对坐饮酒,旁边有两个歌女正在给他们唱歌。这武松二话不说,一低头就钻进屋来。西门庆眼尖,一见武松进屋了,西门庆心里就明白了八九分,啊呀叫了一声,腾的一下就跳到椅子上面去了。这屋里其他几个人还不知道怎么回事呢。武松手里攥着这颗人头对着西门庆就打了过去。这西门庆一躲,武松用手略按了按桌子,一纵身,腾的一下也跳到桌子上。注意此时的形势,西门庆在椅子上,武松在桌子上,他比西门庆要高一点。

跳到桌子上以后,武松飞起脚一踢,把满桌子的杯、盘、碟子都踢到地上。这边嗖的一下又拔出了钢刀,地下是血淋淋的人头,手里是明晃晃的钢刀,这一下把两个歌女、一个财主吓得腿都软了。可是西门庆不简单啊,也不是善茬。见到武松拔刀在手,西门庆大吼了一声,用这个手虚招了招,然后飞起右脚,这一脚朝武松就踢了过来。你看他有套路,先拿手虚招呼一下,引你的注意力,这一脚就踢上来了。武松手拿着刀站在桌子上回旋余地比较小,他略闪了闪,西门庆这一脚一下就踢到了武松的手腕上。这个刀嗖的一下就从楼上就飞到楼下的街上。

大家看看,西门庆的武功不一般呀!一脚能把武松手里的刀踢飞了,看《水浒传》讲究马上林冲,马下武松。他们都有一等一的功夫。西门庆第一回合就把武松的刀踢飞了,所以西门庆如果不是酒色过度的话,那也是一身好本事。

第一回合,西门庆占先了,把刀踢飞了。一看武松的刀被踢飞了,西门庆心里有底了,用右手又虚招了招。你看他每一次第一招都是虚招,那是经过训练的、有功夫的。用右手虚招了招,左手一拳朝武松心窝就打来。这武松看西门庆的拳头打来了,一矮身,用这个左手一引他的头发,一捋他的肩,然后呢,整个人钻到他的腋下,用右手一抓他的脚,哎!这一下,把西门庆头朝下就举起来了。武松大英雄有力气啊,倒举着西门庆,武松大喝了一声,下去,从楼上一下,像扔砖头、扔玉米棒子一样把西门庆直挺挺地从狮子桥大酒楼上就扔到当街。就听"啪"的一声,西门庆就直挺挺地摔在当街。当时摔得口吐白沫、翻白眼,人就昏了过去。这是第二回合。

通过这两个回合,大家能看到,武松的功夫,稳、准、狠、快!这是有特点的。而且每一次都是后发制人,不先出招。而且每一次都是见招拆招。你踢了我的刀,我回头把你倒举起来扔下去,就是没有什么花拳绣腿,没有什么套路,实战为主。所以提醒大家,武术和舞蹈还是有区别的,这个舞蹈是有规定动作的,有规定的轨迹和套路,武术它是要讲实战的,它是要练身体的这个反应性、灵活性的。练武不练功,到老一场空。学文不会背,努力算白费。这基本功最重要,武松根本不用什么套路，见招拆招，两个回合就把西门庆摔下去了。其实还有半个回合，西门庆已经不能动了，武松这边拎起人头，站到楼上，一纵身，从楼上就跳下来了。先找那把刀，钢刀利刃在手，一脚踏住西门庆，手起刀落，咔嚓，把西门庆的人头割下。这满街人看得无不骇然，很少见到当街杀猪，从来没见过当街杀人，这太震撼了！

武松也不管众人怎么说，把两颗人头的头发拧在一起，这真是生没有在一起，死在一起了。西门庆和潘氏，两颗人头拎在手中。武松大步流星又回到紫石街。

大家注意，这时候邻居们还坐在屋里，土兵还守着现场呢。武松把两颗人头往武大郎灵牌前面一放，手里端起这杯冷酒说，哥哥在天之灵慢走，兄弟已经给你报仇了。

这就是武松斗杀西门庆的整个过程。

在这里我们再一次强调，就是武松始终让这几个邻居处于事发现场、第一现场，为的就是能够保证有证人、有观众。这样有两个好处：

第一，如果有观众、有旁证的话，将来自己在道义上、在法律上都能占主动，这是主观上的好处；

第二，还有一个客观上的好处，这个英雄行为可以借助口碑名扬天下。

那个年代没有手机，没有录像，没有互联网，英雄事迹靠什么传播？那得靠口碑，靠口口相传。所以，重要的事情一定得有观众在场，从主观到客观都是有好处的。

那么我们请大家关注的就是，武松腰间始终别着一把钢刀，这把钢刀在整个报仇过程中起到了关键作用，武松一共用了五次：

第一次，见何九叔，拿出这把钢刀，让何九叔说真相；

第二次，留住众邻舍，拿出这把钢刀，让众邻舍明白这件事情的利害；

第三次，逼口供，让王婆和潘氏说真话，拿出这把钢刀震慑她们；

第四次，问信息，让西门庆家的主管把西门庆真实的行踪告诉自己，拿出这把钢刀，让他知道利害；

第五次，斗杀西门庆报仇，用这把钢刀手刃了仇人。

所以这把刀，其实是整个事件推动情节一步一步走到高潮的关键。我记得有句俗话：有力之人多护腰，有理之人带把刀。

什么意思呢？如果你有一身力气的话，你可能就会经常用这个力气，一旦用的不合适就会闪了腰，所以越是有力的人越要保护自己的腰。因此，我们每个人在做自己擅长事情的时候，都要有保护方案，要防范风险。那什么是有理之人带把刀呢？有时候我们是占理的，而且周围人都知道我们有理。你这么有理为什么有人敢跟你针锋相对？为什么有人敢跟你较真，敢跟你斗。说明那个人一定有特殊的资源，有邪门歪道的方法。你在这么占理的情况下有人敢跟你明目张胆地斗，这时候你一定得准备一个防范措施，带把刀！第一，保护自己；第二，震慑对手；第三，给同志们，给队友信心；第四，能够促进中间派支持你；第五，我们还能保护证人。再好的千里马得备根鞭子，再好的法律我们得有惩罚机制，再棒的合同得定惩罚条款。只有带刀的契约才是好的契约，只有带刀的君子才能管住天下这复杂的局势。

这把刀其实是一个威胁机制，这个机制也很关键。善良的人，他的优点是善良，他的漏洞就是只有善良。刀是没有善恶的，关键看你怎么用，阴险小人个个都带刀，如果我们正人君子只有善良，那这世界就要崩溃了。

武松呢，他在斗杀西门庆的过程当中，简单直接，一把钢刀解决问题。这是武的手段。

那接下来是文的手段。如何把这个案子结案，如何证明自己哥哥的冤屈和自己报仇的正当，武松启动了接下来的方法。

他带着这几个邻舍，押着王婆，拿着这个呈堂的证供到县里面来报案。武松敢作敢当，不是杀完人就跑，他要到县里来报案。这县官看武松又来了，挺纳闷儿的，前两天不是说不予立案吗？结果呢，这周围的人就说：老爷，你还不知道吧？武松在狮子桥大酒楼杀人了。县官说：好吧，升堂。

那武松接下来怎么报案的呢？武松是这么说的：西门庆和我嫂嫂通奸，在王婆的唆使之下下了毒药，毒死了我哥哥武大郎。我今天手刃了两个仇人，押着王婆前来投案，前来自首。所有事情的过程我这边都有证人，这边都有纸面上的口供，所有经手人在上面都签字画押了，县老爷，你看吧。

那么大家从这一段里面能看到宋代处理这个案件的一个基本流程，大概分成三步。

第一步，当事人说话。

县官听武松说完以后就问王婆：你也再说一遍。王婆跪到地上就把事情也说了一遍，这时县官把纸上的词对了一遍，两个当事人说的跟纸上严丝合缝，没有差别。

我想告诉大家一个技巧，如何判断一个人说的是真的，另一个人说的是假的呢？如果这事情有记录，有一张纸，那大家拿着纸可以对词，如果某甲说的前前后后跟这张纸完全一样，而某乙说的前前后后与基本事实一样，但是有10%左右的出入，请问你说谁撒谎？告诉大家，某甲撒谎。说得完全一样才是撒谎，因为他是背下来的。人的口语跟书面语言是有差距的，即使这件事情真相只有一个，我们在不同的叙述当中前后的顺序、人名地名、具体的场景、感受描述总会有那么一点点的不一样。所以真话、真理可以重复一百遍，每一遍有每一遍的样子。谎言也可以重复一百遍，每一遍都跟前一遍一样。所以你看对方是不是撒谎呢，你就让他把事情说一遍，你对着那个纸稿看一遍，如果他说的完全一样，那必然是说谎、是背诵。这背诵和讲述是不一样的，讲述每一遍都会有一点差异，但背诵一百遍都一样。县官看了看，这事情是符合真相的，前前后后都一致，但是表述上边还是有一点点的差异，说明这事是真的。

第二步，让证人发言。

所以县官让四个邻舍，还有何九叔、郓哥都现场把这个事讲了一遍。

第三步，现场勘察。

派这个仵作到紫石街狮子桥大酒楼，把这个潘金莲和西门庆的尸身都验了一遍，而且填了验尸单。各位注意，那个年代是有验尸单的，说明宋代的刑事查已经很发达了。

所有的事情勘验完毕以后，这才用长枷枷着武松、枷着王婆，把两个人收监，这个案子正式立案。到此为止，这个武大郎之死和武松替兄报仇的案子成为政府正式立案审查的一个公案了。

那么这个公案接下来的处理过程是怎样的呢？这里边就请大家注意，在整个案子的处理过程当中，武松一开始是被动的，但是逐渐地变得越来越主动。原因就在于武松的声誉管理特别到位，这个良好的声誉、良好的口碑给武松带来了后续的、持续的优势。那我们来分析一下，这个声誉管理起了什么作用。

第一个作用：实现社会支持的广泛性，获得更多人的认同

话说武松被收了监以后，第一个支持武松的居然就是那个前面收了钱的县令。这县令想到两个问题：第一个问题，武松曾经帮自己去东京去办个人私事，帮自己在阳谷县办单位公事，并且办得都挺到位的；第二个问题，武松替兄报仇，除暴安良，敢作敢当，这件事确实

让人佩服。

另外，恐怕是县令因为自己收钱不立案还有点心虚。在这种种机制的作用之下，县令跟周围的官吏们商量，我们要替武松找一个最佳解决方案。那大家看，县令在判武松的时候，这个判词是怎么判的？作者是这么写的，"武松因祭献亡兄武大，有嫂（嫂）不容祭祀，因而相争"。你看他说的是祭祀起争斗。接着呢，"妇人将灵床推倒。救护亡兄神主，与嫂（嫂）斗殴……"所以客观上武松没有杀人的动机，主观上双方也没有杀人的过程，只不过是斗殴。接着说，"一时杀死"。说他没有动机，不是想杀人，一时失手嘛。然后说什么呢？"次后西门庆因与本妇通奸"，你看把西门庆拉进来的时候先报他们俩的料，他们俩是通奸的。"前来强护"，这词用的漂亮，"强护"，不是前来保护。什么叫"强护"？他使用了非常手段，他使用了暴力手段，他自己也有过错。这样就分走了武松的刑事责任。接着说："因而斗殴。互相不伏……"大家注意，一次入宫门，九牛拉不回。每一个用字用得都特别绝，叫"互相不伏"，说武松跟西门庆打的时候，半斤八两，你下狠手，我也下狠手，你玩儿命，我也玩儿命，并不存在某一个人要欺负另一个人的这个过程。所以最后说，"扭打至狮子桥边，以致斗杀身亡（死）"。这里边就给武松做了最大限度的开脱，首先去掉了他杀人的动机，其次平衡了双方的这种管理，最后分散了刑事的责任，指出对方也有过错。一个主动地杀人，后来变成了一个被动地斗殴，再后来就变成自我防卫了。

那么这个案子报到州府里，这个府尹叫陈文昭，这个人很有正义感，他替武松做了更深入的工作。搞法律的人就着《水浒传》这一段可以研究一下宋代审案的流程，县里面出一个判词，递到州府里面，府尹写一个断案的建议，再送到中央政府。陈文昭在这个过程当中扮演了关键角色，他再一次替武松做了开脱，并且专门安排人星夜赶往东京汴梁，在有关部门里面替武松争取支持，做解释。于是，最后判了武松一个刺配两千里、杖脊四十下，就是打后背四十下，然后发配两千里出去，这么简单就把武松给放过了。那边王婆被判了一个剐刑，说她是元凶、罪魁祸首、教唆犯。

所以大家从这里边能看到，在宋代的断案当中，情、理、法存在着互动。如果武松是符合忠孝仁义的，有情有理，那么在法上面就能网开一面。不过，更重要的因素是如何在情、理、法中找到平衡，这就需要第四个字：权。只有掌握了足够的权力资源，才能够利用情、理、法之间的平衡，从重或从轻处理。这一方面带来空间，另一方面也造就宋代法律的随意性，给那些阴谋、请托留下了更多的空间，这是宋代法律的一个特点。

那武松现在是取得优势了，在情、理、法的平衡当中，武松占了一个特别好的优势，就是他为兄报仇，人人敬仰、个个佩服，符合儒家的忠孝仁义的观念，符合政府推广的核心价值观念。所以有权力的这些人都向着武松，给了他最大的支持。

另外的一方面，地方上的老百姓也特别同情、特别支持武松，整个阳谷县里这些有钱人，有的出钱，有的送粮，有的送酒送肉，向武松表达敬意。而武松身边那些他带过的士兵呢？都主动地向武松送钱、送酒、送肉，请武松吃饭，也表达了敬意。这武松杀完人以后，俨然变成了阳谷县的一个英雄人物，这一次的影响，这一次的美誉，这一次的知名度和美誉度比上一次打老虎还要大。

说到这儿，我们要分析一个规律，人生活在社会当中，我们会接触两种关系。

一种叫强关系。爹妈、兄弟、老婆、孩子，可能还包括生死兄弟、革命战友、闺密这种人，这叫强关系。有感情，感情很深，而且利益相关。用俗话说，就是关系特别铁。

另一种叫弱关系。虽然有接触，但是没什么感情，了解也不深，属于泛泛之交。

武松在阳谷县里边，此时此刻支持他的人是什么人呢？是弱关系的人，是一些陌生人、泛泛之交、不太认识他的人。这些人因为武松有道义、有情意、敢作敢当，大家同情他，就支持他。不过你说真的能替他两肋插刀，替他承担生活上的风风雨雨吗？不能，光有弱关系，没有强关系，武松在未来的人生道路上还是要出一些问题的。

不过，还好武松的声誉管理做得特别到位，接下来就给他增加了很多强关系的资源。

第二个作用：实现合作信赖的持久性，建立稳定的强关系联盟

由于府尹陈文昭和县令的维护，武松得到了轻判，刺配两千里之外的孟州道，武松杀人是在三月底，在县衙里边监押了两个月，所以六月初的时候，两个解差押着武松就要刺配孟州。这时候，天气已经越来越热了，武松跟着两个解差走了十几天呀，走得口干舌燥、虚火上升。

这一天走到了一个岭上面，山连山，岭连岭，往山脚下看，哎，看到了潺潺的溪水呀，大热天，远远地看溪水都觉得神清气爽，溪水旁边长着一棵大柳树，旁边有十几间草房子，柳树上面挂着酒旗，千里莺啼绿映红，水村山郭酒旗风啊。酒旗随风飘摇，这是一个酒店。武松就跟两个解差说：咱们快走几步，到山下点点儿吃的，解解饥渴。这哥仨就往山下面走。

迎面碰上一个打柴的樵夫，武松就问他：这里是什么地方？离孟州还有多远？樵夫说：离孟州不远，只有一里多路。看那棵树，因树而得名，这个地方叫大树十字坡。武松听完心里一动，武松是有江湖

经验的，早闻此地，早知此名。俩解差当然什么都不知道。三个人沿着山路左绕右绕，就绕过了这个小路，走上了大路，转过这棵大树，走到了十字坡酒店的门前。

酒店门前迎面坐着一个妇人，只见这妇人这服装有特色，头上黄灿灿地插了满头的首饰，鬓角插了几朵野花。上身穿着一件绿色的纱衣，敞着怀，里面露着桃红色的抹胸打底衫，脚下穿着一件水红色的裙子。往脸上看呢，脸上抹满了胭脂花粉，红红的嘴唇，厚厚的胭脂，粗眉大眼，大大咧咧地往那儿一坐。这个人是谁呢？就是水泊梁山著名的英雄：母夜叉孙二娘。

这里面咱们稍微讲一个小的知识点，母夜叉是不是形容她难看？一般人都觉得夜叉当然难看。不过夜叉是从佛经里面来的，大家真正翻一翻佛经会发现，夜叉分男女。这公夜叉是特别难看的，但是夜叉国的女子据说都长得特别好看。所以母夜叉有可能是她样子比较粗俗，神态比较凶恶，但本人的长相应该还是不错的。

这母夜叉孙二娘往树底下一坐，专门等着过往客商来投罗网。前面抬头一看，武松跟两个解差来了，一见有客人上门了，孙二娘她得招揽客人啊。词是什么呢？孙二娘说："客官歇了脚再去，本家有好酒好肉，要点心时，好大馒头。"宋代的馒头，其实是现在的包子。而馒头，据说是诸葛亮过泸水，用面包肉馅代替当地人祭奠水神的人头。因为当地人用的是南蛮的人头，所以简称蛮头。

武松跟着两个解差顺着这个声走进了十字坡酒店。一进酒店，扑鼻而来的是一股特殊的腥味。不过当时三个人又渴又饿，闻不到腥味。孙二娘就问，几位客官要吃点什么？武松说：不用问多少酒，只管给我们上酒来，再切几盘肉。你不是有馒头嘛，给我们上二三十个馒头。孙二娘这边就开始端酒端肉，上馒头。

这时，武松决定要在酒店里面调戏调戏这个红配绿、敞着怀的母夜叉孙二娘。各位，武松是一个正人君子，潘金莲反复调戏武松不成，可是为什么《水浒传》讲到这儿的时候，武松反过头来要调戏孙二娘？是不是武松重口味？专门喜欢这个类型的？其实不是，武松之所以要调戏孙二娘，是因为武松知道她是开黑店的。不过开黑店的人不是每次都下手，如果对方不对自己下手，捉贼捉赃，捉奸捉双，杀人见伤，没有证据你怎么能把这黑店给砸了？所以武松的思路是，挑逗她一下，撩拨起她的怒火，等到她对自己下手的时候，顺便就把这黑店给灭了。所以武松有这个思路以后，他开始撩拨这孙二娘。

　　孙二娘一边倒酒上肉，武松一边笑嘻嘻地问孙二娘：老板娘，你家这包子闻这味不错嘛，这是人肉的啊还是狗肉的啊？一句话，把孙二娘问愣了，从来没有人这么直接地问。孙二娘就说：这位客官你开玩笑，青天白日，朗朗乾坤，咋能有人肉包子呢？我家包子是上好黄牛肉的。说到这儿应该结束了，不，武松是非常有江湖经验的！武松笑眯眯地指着一个包子说：我刚才掰开你家包子看，有一块肉上面有细碎的毛，仿佛是人的私处的细毛，这个毛是剔不干净的，恐怕你这是人肉的。一句话把孙二娘说傻了，因为武松是闯过江湖的，他知道人肉的这个特点。能亮出底牌，能戳到痛处。孙二娘经常跟后面伙计说，剁肉的时候千万要挑着点，这种带毛的别剁进去。一个是手指甲，一个是私处的毛，一旦剁进去人家就发现了。武松说从这个包子里吃出一个人的指甲盖，从那个包子里吃到了私处的毛，你这包子必是人肉的。其实这叫敲山震虎、打草惊蛇。孙二娘的脸色就不好看了，但是依然笑嘻嘻地说：这位英雄，休说笑话，那种羞人的事你咋好意思说出来。

　　看着孙二娘脸色变了，武松知道她中招了。武松启动第二个撩拨的程序。武松说：老板娘，请问老板哪里去了？孙二娘说：我家丈夫到城里去做生意了，走了好几天还没回来。武松笑嘻嘻地瞅着孙二娘说:"恁地时,你独自一个须冷落。"意思就是,一人饮酒醉,每天抱着枕头睡,你寂寞不寂寞?

各位啊,初次见面跟陌生人少谈两口子关系,这叫居心不良。一句话把孙二娘的火就勾起来了,孙二娘心里暗想,你这个贼配军,老娘不惹你,你倒来撩拨老娘,飞蛾扑火,自来找死,你把我惹了,今天休怪我无情,我要你的命。心有所想,面有所现,孙二娘心里这么一想,眼神里的杀机就闪现了一下。武松立刻就捕捉到了,打草惊蛇有效果了。

大家要觉得武松只有拳头、只有力量,那就错了。武松启动了第三个撩拨的程序,呵呵地说:老板娘,你家这酒太寡淡了,太淡薄,不好喝。你有没有劲儿大的好酒?孙二娘说:客官,有啊,我家有上等的好酒,但是呢,那酒比较好,就是有点浑浊。我们前面讲过那个年代喝的是酿造酒,酒糟、酒体在一起,发酵的、酿造的时间长了就会有点浑。有一首著名的诗,"莫笑农家腊酒浑,丰年留客足鸡豚。山重水复疑无路,柳暗花明又一村"。这农家腊月酿的酒就是有点浑的。所以孙二娘说:客官如果你不挑卖相的话,我给你去倒酒,如果你不挑"颜值"的话,我陪你喝。武松说:好啊,越是浑酒劲儿越大,你就来吧。大家知道一个江湖经验,蒙汗药下到酒里边,由于化学反应,酒就会比较浑。

孙二娘一咬牙,你自己找死,休怪我,说:客官稍等,我给你上浑酒。

到了后厨,大酒杯蒙汗药,俩解差一人一份,武松这块来个双份儿的,搅一搅。武松说:我是比较注意养生的人,老板娘给我热来喝。各位懂点化学反应知道,加热了之后,药劲更大。孙二娘说:今天遇到这个贼配军真是自己找死的,洗干净脖子往刀口上撞。孙二娘说:好好好,单独给你加热。把这酒烫热了。

三杯浑酒拿出来，这俩解差啥也不懂啊，武松说：来来来，喝。两个人一仰脖，咕嘟咕嘟，两碗蒙汗药酒下去。武松拿着这个酒不喝，拿眼神撩那孙二娘，这孙二娘就想了，你看，花是茶，酒乃色，这家伙心里不想好事了。孙二娘就笑嘻嘻地拿眼神回武松。武松说：老板娘，我最不喜欢干喝酒，你能不能再给我上点肉？他们说喝酒不带菜，图的是痛快，我就不喜欢没有菜，你后厨有没有菜再给我上点？孙二娘被武松撩得着急，心急火燎的，就想着赶紧让他倒下。孙二娘说：行行行，我去给你找，起身往后厨走的一瞬间，武松一回手，这一杯蒙汗药酒就泼到地下了。眼见着地上的土唰的一下起了一层白沫，这药劲真大。

　　然后武松回过手来把这空碗对着自己的唇边，晃晃悠悠地把舌头伸大了说：好好好酒！孙二娘根本不拿菜，在后厨转一圈就回来，抱着膀子瞅着武松眯着眼睛说：倒也！倒也！倒也！话到人倒，两个解差稀里糊涂都倒到地上了，大英雄武松，装得特别像，大家注意，这人有意地倒跟无意地倒完全不一样，有意地倒肌肉是紧张的，控制着落地那个点，倒得就比较稳、比较准。那要无意地倒，肌肉是放松的，就平面往地上摔。武松是练过功夫的，所以一放松，整个人就跟一面墙一样，啪的一下就拍到地上，恨不能把那地砸一坑。

　　孙二娘一看三个人都倒了，拍了拍手，笑呵呵地说：你个贼配军，还敢撩拨我，不知死。回头跟后厨说：小二、小三，进来。小二、小三，拎着快刀，撸胳膊挽袖子戴着皮裙子，笑眯眯地就蹦出来了，天天在后厨解剖人，那手上特别熟练，活特别利索。孙二娘说：把这几个人拉到后厨，看这几个人这个样子，瘦肉挺多的，明天、后天、下个月，咱们包子馅儿就都有了。问题出来了，这小二、小三拖住武松，抱着要往后厨房走。武松舌尖轻抵上牙膛，叫作一颗丹田浑圆气，使个千金坠，这俩人怎么动武松都纹丝不动。把个小二、小三累得满头大汗说：老板娘，太沉了，弄不动。孙二娘一跺脚说：你两个废物，连个大活人都弄不动。看老娘的！孙二娘整个把上衣就给抢了。各位想一想，这女的豪爽啊，女汉子。咬了咬牙，撸胳膊挽袖子，啪啪吐了两口唾沫一搓手，上来一把就抱住了武松。但问题出来了，孙二娘抱住武松的一瞬间，武松一反手，从后面当胸搂住了孙二娘，两条腿一盘，直接撂到孙二娘的身上。把孙二娘一反身就压到地上去了。

这两个拿刀的伙计要上来，武松一瞪眼，你敢上我要她的命。压得孙二娘大声地喊，英雄饶命啊，英雄饶命啊！

这个关键时刻，院子里面出来一个人，中等个头，穿着麻鞋，穿着布衣，三绺长髯，手里拿着一家伙，远远地就喊，英雄住手！英雄住手！有话慢慢说。这个人就是梁山好汉菜园子张青。张青那是见过江湖的阵势的，他知道武松是个有功夫的人，不简单，遇到英雄了。张青上来赶紧跟武松解释说：我这个婆娘有眼无珠，得罪了英雄，英雄不要下狠手，有话好好说。请问英雄高姓大名？武松当时就报名：阳谷县的都头，打虎的武松便是。这一句话张青拉着孙二娘纳头便拜。为啥啊？武松有声誉啊，名满天下，是大英雄，了不得啊，有情有义，敢做敢当。当时化干戈为玉帛。

这张青大几岁，武松管他叫哥哥，叫孙二娘一声嫂子。孙二娘笑嘻嘻地说，武松兄弟啊，你这个人本事是有的，怎么觉得有点作风问题啊，他们都说你不近女色，你咋一进店就撩拨我？武松笑嘻嘻地说：嫂子休怪，看你是开黑店的，我只是想刺激你一下，让你出手，并没有别的意思。三个人哈哈大笑。

从此以后，张青、孙二娘和武松就结成了生死之交，一直到后来征辽国、征方腊的时候，都是互相保护、互相支持的。所以，社会声誉不光给武松改善了弱关系，还给武松带来了强关系。

这就像名牌商品人人信赖，大家都喜欢购买一样。为什么知名品牌更值得信赖？我们相信知名品牌，并不是因为相信它的经营者有多么高尚的境界、多么崇高的修养，而是相信它一定会做对自己有利的事情。这就是博弈论的一个基本思想：

在决策的时候并不是把最佳方案建立在双方的感情或者修养的基础上的，而是建立在对最大化的利益的追求基础上的。

如果某人坑你一下，对自己很有利，那这个风险总是存在的；但是，如果坑你一下，对他不利的话，他自己就会主动避免了。

同样的道理，在选盟友的时候，我们一般也会选择有名气、有影响力的人。因为他为了打造自己的影响力、知名度、美誉度，已经付出了很大的代价。如果在一件小事上坑了你，他就会损失自己的知名度、美誉度，相当于以前为建立知名度、美誉度付出的一些代价白费了。这样做对他来讲是非常不利的。这个就是在人际关系当中的名牌效应。

接下来，武松就跟着两个解差，到了孟州的牢城营。这牢城营唤作安平寨。在这里，武松的声誉起到了第三个作用。

第三个作用：实现资源整合的优先性，率先获得支持

到牢城营以后，在这个解差的带领之下来见牢城营的管营相公，场面很瘆人啊。这些公差拿着水火棍，鼓着腮帮子，瞪着大眼睛，身上的疙瘩肉一团一团的，大家凶神恶煞一样瞅着武松。牢城营的管营说：你原是个都头，需知道朝廷的法度，太祖武皇帝定下规矩，凡是

配军都要打一百杀威棒。来呀,左右!把他捆翻了,按倒与我打。武松那是练过金钟罩、铁布衫的,他能怕这个。笑眯眯地说:不用按倒、不用捆翻,我就趴这儿你们打,躲一下不算好汉,喊一声不算好汉。如果打疼了我喊一声,从零开始再打。而且吩咐左右的人,你们需要下狠手,如果打个人情棍,打轻了,爷爷我身上不舒服,你们就下毒手,狠狠地打,替我解解乏也好,就算做个按摩了,你们来吧!所有人都傻了,这么多年在牢城营没见过这么彪悍的人。

那个管营不管这一套,一咬牙说:左右,上!正拎着水火棍要打的时候,突然管营旁边冒出来一个人,小伙子二十五六岁年纪,中等个头,白净面皮,微微有一点髭须,头上包着一块白布,胳膊上吊着一块纱布。站到牢城营管营的旁边,低声地耳语了几句。管营突然脸色就变了,把手一挥说:且住!回头问武松:你在来的路上有没有得什么病呀?武松把眼睛一瞪,把脖子一梗梗说:没有,我身体好着呢,吃得饱睡得香,没有任何病,往死里打吧。管营说:不对,看你这个大汉面色有异,脸那么红,一定是热病。怎么又黄了?一定是毒热攻心,你有热病。武松说:没有,你就打吧。管营说:一般人都躲着棍棒,你这么主动要求打,必然是毒热攻心,你都疯了,这病很厉害,说:来呀左右,为了防止他传染别人,把他送到单间里面去。武松就这样晕晕乎乎地被几个公差给弄到单间里面去了。

周围的这些难友,周围的这些牢友就来看他,那个有经验的就跟武松说:这个牢城营里最可怕的刑罚一个叫吊盆,另一个叫压沙袋。

什么叫吊盆呢?晚上给你上几碗黄仓米饭,臭鱼烂虾给你一拌,特别的香,稀里呼噜吃下去,这个肚中特别的饱胀。紧跟着七窍给你堵住,找一个地方卷起席子来,头朝下立着,不出半个时辰,七窍流血。第二个叫压沙袋,直接把你放躺下,捆结实,身上压一个沙袋子,沙土袋子特别沉,过一会儿七窍流血而死。说今天没打你杀威棒，恐怕要给你来吊盆、压沙袋，你等着吧。武松咬咬牙，今天我要看一看他有什么本事，那时的私刑很可怕。过一会儿来了几个军汉，神奇的是，不是黄米饭、臭鱼烂虾，一盘肉、一盘面，有一碗汁，还有一旋酒。有酒有菜，有荤有素，说：英雄你吃吧。武松说：做个饱死鬼也好，吃吧！吃完了之后人家一夜无话，很平静。第二天早晨呢？神奇的事又来了，不光有酒有菜，而且还来了一个篦头的师傅，帮武松收拾收拾头发，还有一个洗澡的师傅带了浴盆给武松搓澡。这武松都惊讶了，这不是坐牢吗？怎么改五星级酒店了？收拾完这一套服务之后，给武松上了香茶让他喝。武松忍着。

过了三天，这事情又变了，服务升级了，把武松送到后院一个套房包间里边，床都是新的，帐子都是新的。高级的被褥、高级的枕头，让武松在这儿休息。武松终于忍不住了，这不是说好了坐牢吗？怎么改度假了？这不对啊，活也不让干，好酒好菜伺候着。他就问这个服侍的人：为何不打我？不骂我？不给我安排活干？却让我享受这些好酒好菜。这服侍的人就说：那一天，现场出现的年轻人是我们管营相公的儿子小管营相公，唤作金眼彪施恩，所有这些事情都是施公子一手安排的，他让我们好好伺候您，酒菜这些费用都是施公子个人掏的腰包。他的嘱咐就是把你伺候好了，三个月以后有重要的事情交代。武松说：我却忍不了了，三个月，我三天也忍不了，赶紧把他请来，我要跟他沟通沟通。

在武松的强求之下，这手下人把施恩给请来了，武松就跟施恩说：我们俩以前没有任何的交集，咱俩也不认识，非亲非故，你帮我躲掉了一顿杀威棒，又给我好酒好菜，安排我住单间，这情分也太大了，无功受禄，寝食不安，人情欠债，你让我怎么还，不怕欠这个金银债，就怕欠人情债。施恩就笑了：武都头是个大英雄，我早就想结识你。武松说：你礼下于人，必有所求，你说吧，有什么事？最后施恩就亮底了，原来，这个孟州道有一个商业区叫快活林，山东河北的客商都在这儿做生意，施恩原来有一个酒店叫快活林大酒店，日进斗金，生意很好。偏偏新进来了一个练武的拳师唤作蒋门神，他把这个快活林给打夺了。大家注意《水浒传》的用词，打夺了，是用打夺来的。把施恩的头、胳膊都打伤了，养了两个多月，所以施恩出场的时候是吊着胳膊出来的。施恩想组织手下的人去跟蒋门神打，可是又打不过。施恩听说武松一身好本事，除暴安良，敢做敢当。所以施恩希望武都头能帮助他重夺快活林。

声誉的好处就是能帮你整合资源，这世界上的人很多，但是我们都处于信息不对称的状态，合作的时候优点不可用，缺点不可控，互相防范，这合作的效率就比较低。但是，武松就不一样，名满天下。

施恩锁定了武松，给他提供资源、提供平台，要跟他进行强力的合作。

武松二话没说就答应了，他又不是三头六臂，以武松的功夫，一定能把蒋门神打趴下。但是武松就没有想一个问题，分析对手不光分析他的能力，还要分析他的背景。这个蒋门神有着督监府和团练使的背景，要不然他也不可能来得罪施恩啊。树大根深，盘根错节。武松就不明白，蒋门神好打，背后那些人不好得罪。凡是露脸的人都是容易拿下的，可怕的是背后那个不露脸的人，蒋门神、快活林，这个水是特别深的。

接下来，就引出了《水浒传》中又一段精彩故事，醉打蒋门神，身陷督监府，血溅鸳鸯楼。

武松是怎么样精彩地把蒋门神拿下的，他自己又是怎样陷入那些对手设计的圈套当中的呢？请看下集。

第七讲
信念的力量

———

研究发现，人们的自我认知和自我印象都是在成长过程中一点一点形成的，而在这个形成的过程当中，周围的这些比较方式和评论方式起到关键性的作用。比如在一个班里，如果老师对一个孩子采取积极的评价方式，那么这孩子即使暂时表现不好，将来也会表现越来越好。但是如果老师和家长对这个孩子采用的是消极的评价方式，这个孩子即使现在表现很好，将来也会越来越差。

有一些反差现象，有的人五大三粗但是胆小如鼠，有的人瘦弱矮小但是气势如虹。实际上，研究发现你相信自己是什么样，比你实际上是什么样更重要。人们都是这样走向成功、走向幸福的。所以，从哲学上讲，"我是谁"这个问题会伴随我们的一生，它决定我们的起落沉浮，引导我们的喜怒哀乐，陪伴我们的生老病死。

在这个问题背后，包含着一个基本的比较和基本信念的问题，一个英雄在做出英雄行为之前，从内心深处就相信自己是英雄。所以规律告诉我们，先有内在的英雄信念，然后才会有外在的英雄行为。下面我们就要讲一讲武松身上的英雄信念。

上一讲我们讲了武松问金眼彪施恩：你们父子二人为何对我特别好？施恩告诉武松：其实我有事相求。施恩就从头开始讲出一段故事来。施恩在风水宝地孟州城里开了一家店，快活林大酒店，他是黑白两道手段都使，一方面卖酒卖肉，有正常利润，一方面他也收保护费，号称当地的各行各业都给施恩来交这个费用，闲钱每月都有二三百两。施恩凭什么收保护费？有两个原因：第一，他有一身武艺；第二，他爹是牢城营的管营，他有本钱。每日里从牢城营提出二三十个彪悍的犯人，跟着施恩去收保护费。

所以，本来施恩做这快活林生意做得顺风顺水的。不过突然之间就发生了变故。不久之前孟州城的团练换人了，这个外地来的人号称张团练。这张团练随身就带了一个会武术的练家子，此人姓蒋名忠，外号叫蒋门神。为什么叫蒋门神呢？因为这个人不但武艺高强，而且长得膀大腰圆，就跟个门神一样。《水浒传》原著写"此人身高九尺开外"，用现在的话说，也接近两米了。而蒋门神相中了快活林，仗着自己更有本事、更有本钱，跟施恩争夺这个地方，把施恩打了个鼻青脸肿。

武松跟施恩第一次见面的时候，施恩头上缠着纱布，还吊着胳膊，这都是蒋门神给打的。所以这是一个"黑吃黑"的故事。蒋门神比施恩更黑，属于"深黑"打败了"浅黑"，所以就独霸了快活林。施恩说：本来准备纠结更多的人去报仇，但是蒋门神后台更硬啊，那是张团练，他手下有部队、有官军，又比自己的爹职位要高一点，不敢得罪。所以，暗气暗憋，皮肉上的苦是容易修复的，这心灵上的痛是不容易修复的。但武松发配到牢城营后让施恩找到了救星。《水浒传》

里施恩说："久闻兄长是个大丈夫，怎地得兄长与小弟出得这口无穷之怨气，死而瞑目！"他想请武松为自己报仇雪恨。

听完施恩的话，武松上下打量打量施恩，看了看他的身量、气力、神色，问：你也算是一个江湖上有名号的人，轻而易举被这个蒋门神打夺了快活林，这个蒋门神有几个脑袋、几条胳膊？施恩扑哧乐了：哥哥你开玩笑，他是个人啊，一个脑袋，两条胳膊。武松说："我只道他三头六臂，有哪吒的本事，我便怕他。原来只是一颗头，两条臂膊！既然没哪吒的模样，却如何怕他？"看过《封神演义》的人都知道哪吒什么样？三头八臂。所以武松说：他如果是个神，我就怕他，我就服了。如果他是一个人，我却不怕他。通过这句话，大家能看出，英雄为什么是英雄，他选了一个三头八臂的哪吒来跟自己来对比。

大家想一想，跟强者比的人就会越来越强，跟弱者比的人肯定会越来越弱。如果为人处事总跟老虎去比，那他迟早能占山为王；如果动不动就跟老鼠比，那顶多是个大白兔。武松的比较方式就决定了他的英雄行为。

现实生活当中，我们的老师和家长在选择正确比较方式这件事情上会犯一些严重的错误，今天我们来分析一个简单的现象。

为什么很多家长动不动就羡慕别人家的孩子？为什么老师动不动就拿别人家的孩子跟自己的学生比？为什么我们往往会觉得别人家的孩子比较好呢？有三个原因。

第一个原因，信息不对称。自己孩子的优缺点家长都知道，痛苦、烦恼都经历了。可是别人家的孩子没有全面接触过，家长并不能完全了解对方的成长过程。

第二个原因，选择性注意。家长总盯着自己家的孩子的缺点和不足，因为与别人家的孩子利害不相关，通常会盯着对方的优点，甚至将优点放大。

所以，信息不对称和选择性注意导致了别人家的孩子往往比自己家的孩子好，家长愿意拿对方当标杆，这种比较叫上行比较，又叫强者比较。为人处事的时候，总是往上比。

这种动机是善意的，往上比确实能提供进步的动力，但是善意的比较不一定带来好结果，因为这种比较背后包含着两个负面因素。

第一，就是设定了一个完美标杆，但这世界上没有完美的人。所以，这种完美的标杆会极大地挫伤孩子的自尊心和自信心。

第二，就是别人家的孩子是一个抽象的、虚构的个体。用这种抽象、虚构的标杆跟孩子对比，会严重地影响孩子的感情认同，他会觉得爸爸妈妈不喜欢我，而喜欢别人家的孩子。这实际上损害了亲子关系，影响家人之间的感情。

我建议父母在教育过程中注意三个策略。

第一个策略，千万不要完美主义。每个人都有优点，每个人的禀赋不同、环境不同、性格不同，成长方向也不同。猪往前拱，鸡往后刨，鹰击长空，鱼翔浅底，好马能历险，耕地不如牛，坚车能载物，渡河不如舟，这就是差异。所以应该因材施教。

第二个策略，选择合理的比较对象，制定合适的目标。比如，他考试成绩排在年级的第50名，那么你可以选择第30名甚至第25名，让他俩比一比。但是，如果你选择第一名跟他比，恐怕这就不切实际。目标定得太高带来的是"打击"和"放弃"，容易影响孩子的上进心和自尊心。

第三个策略，回头看过去，与自身比较。只要跟自己的过去比每天都在进步，每天都在成长，这就是好事。在进行自身比较的时候要看到优点，也要看到缺点，进行积极的评价，不要光是夸，也不要光是贬；提要求的时候，给方案，给方法；下命令的时候自己带头去执行，多引导、多沟通、少强迫。这样教育孩子的方式就会起到很好的效果。

　　所以，成长是最重要的学习，成人是最重要的目标。每个人的资源状况都不一样，对自我的认识也有差异。比如，武大郎有这么高的比较对象，那就是弱者的幻想；而武二郎有这么高的比较对象，那就是强者的梦想。每个阶段都选择一个适合自己的比较对象，这是保持良好心态、保持人生进步的关键要素。

　　武松浑身都是英雄气概，他认为只要是人，我就能打败。他跟施恩商量：贤弟，你带着我去找他，与你报仇！正在这时，施恩的父亲、牢城营的老管营出来了，武松一见，马上施礼：管营相公，你好。老管营就说：这位义士，我儿子有幸能认识你这样的好朋友，你跟着老汉到后堂来，咱们慢慢叙谈。这是用了一个稳军计，把武松稳住了。拉到后堂一看，人家酒饭都已经备好了，老管营亲自给武松满酒，跟武松商量：我儿子能认识你这样的英雄，三生有幸，不如现场就义结金兰，咱们喝两杯酒，磕个头，你跟我儿子就成生死兄弟吧。你看这个老管营确实是有江湖经验，遇高人不可交必失之。让他跟自己儿子先有感情的纽带，有感情认同了，将来报仇的事就好说了。所以，当场就磕了头，拜了把兄弟。这三个人就说了很多话，喝了很多酒。

　　在施恩的安排之下，谁也不提报仇的事。第二天，仆人给武松上来饭食的时候，荤的、素的、果品、饮料应有尽有，偏偏酒非常有限，上两角酒就不上了。武松说：你再上酒来。仆人说：英雄，没有酒了，饭和肉可以随便吃。武松说：莫不是怕我酒醉了打不过蒋门神？这仆人说：是的，相公父子二人希望你今天恢复恢复气力，咱明天去打蒋门神。

　　武松有点不高兴，因为施恩父子相信自己的体力，但是不相信自己的智力。其实，武松之所以是大英雄，就是因为他不但武艺高强，而且有勇有谋、胆大心细。这在斗杀西门庆和大闹十字坡的时候大家都已经看到了。这次收拾蒋门神，武松也有特别的策略，我们来分析一下。

第一个策略：事前精心布局，用力用势做好亮点管理

这是一个非常耐人寻味的场景。大早晨施恩就收拾东西，牵了两匹马来，跟武松商量说：哥哥你骑马，咱们去跟蒋门神决战。武松说：我一不病二不瘸，骑什么马，咱走着去就行。

接着，武松给施恩提了一个要求：要打蒋门神，你得提前安排一件事。什么事呢？叫作三碗不过望。施恩不明白，什么叫三碗不过望？武松就说：从咱们这个牢城营去快活林这一路上，肯定有很多酒店，每过一家酒店，你就带着我去喝三碗酒。路过一家喝一家，一家都不要错过。这个"望"是酒望或酒旗的意思，就是见到酒望或酒旗就进去喝酒，不能错过。

施恩说：哥哥，这可能不行。这一路上有十几家酒店，一家喝三碗你要喝三十多碗，这喝醉了以后怎么去打蒋门神？武松扑哧一笑，说出一段话来，武松怎么说的呢？武松说："带（吃）一分酒便有一分本事，五分酒五分本事，我若吃了十分酒，这气力不知从何而来。若不是酒醉后了胆大，景阳冈上如何打得这只大虫！那时节，我须烂醉了好下手。又有力，又有势！"

武松醉打蒋门神的关键点就在这个"醉"字上。为什么一定要醉打呢？武松自己说出原因了，一个是有力，一个是有势。

有力这一点比较好理解，喝了酒之后血液循环加快，痛感减弱，而且会兴奋起来，有一种勇气倍增的感觉。喝酒之后为什么会有势？势是什么东西？为什么需要这个势？我们看一个出自《韩非子·说

林·上》的故事。

🌀 鸱夷子皮造势的故事

鸱夷子皮侍奉田成子。田成子离开齐国，逃往燕国，鸱夷子皮背着出关的符牒跟随着。到了望邑，子皮说：您难道没听说过干枯湖沼的蛇吗？湖沼干枯，蛇准备迁移。有条小蛇对大蛇说：您走在前面，我跟在后面，人们会认为这只不过是过路的蛇，必然有人杀死您。不如相互衔着，您背着我走，人们会把我看作神君。于是，两条蛇相互衔着、背着穿过大路。人们都躲开它们，说它们是神君。现在您美而我丑。把您作为我的上客，人们会把我看成千乘小国的君主；把您作为我的使者，人们会把我看成万乘大国的卿相。您不如做我的近侍，人们就会把我看成是万乘大国的君主。田成子因此背着符牒跟随在后。到了客店，客店主人献上了酒肉，非常恭敬地招待了他们。

这就是造势，所谓的势，用现代人的眼光来看，就是场面、形象、气势，是一种可以影响人们心理的无形的影响力。大家看"势"字怎么写，上边一个"执"下边一个"力"，执其力而不发，把弓拉开了瞄准目标，但不射出那支箭，保持这种状态，这就是势。《孙子兵法》里专门有一章就讲关于"势"的问题。在我们身边，很多善于造势和借势的企业都获得了非常大的成功。

做事情必须要有力又有势，力的影响是局部的、短时的，但势的影响是广泛的、持续的。用力可以影响一个人，用势可以影响一群人，有形的东西不如无形的东西力量大。武松要打蒋门神，他确实可以三下两下把蒋门神打趴下，可是快活林那么大地方，那么多人，如何能在短时间之内获得大家的支持、认可、关注，武松是思考过的。醉打蒋门神，打得要有场面、有话题，要打得有亮点、打得不寻常，这才是武松策略的核心。所以，我们可以给造势、用势起一个通俗的名称，叫作亮点管理。那么，武松决定醉打蒋门神，其中这"醉打"还有三个好处。

第一个好处，可以行为夸张，可以场面与众不同。

第二个好处，可以吸引眼球。大家会很震惊，这个醉汉都能把蒋门神打趴下？街头巷尾人人奔走相告，这口碑就形成了，这传播点就有了。

第三个好处，醉打蒋门神可以给大家造成一个震撼性效果，喝醉了酒都能把蒋门神打趴下。所以，做事情要抓亮点，要注意形象，注意传播。武松这个亮点管理做得特别好，"包装"出一个醉打的场面。

用这种无形的影响力获得大家的支持和认可。这一点是施恩想不到的，即使想到他也做不成。而武松之所以提出"三碗不过望"这个思路，就是为了通过醉打制造一个亮点，形成轰动效应。施恩说：哥哥，行吧，你说怎么办咱们就怎么办。

话说武松一路走一路喝，喝了十几家共三十多碗的酒。原著写，施恩偷偷地看武松，并不十分醉。这一句话你就能感觉到施恩的紧张，还得偷偷地看武松，担心他醉了打不过。眼见着前边就要到快活林的十字路口了，武松安排施恩和仆人说：你们都远远地等消息去吧，我一个人把这件事做成。

各位注意，原著里武松出门的时候有一个细节，他穿了一件土布的衫子，穿了一双麻鞋，下面戴着护膝。为什么要戴护膝呢？真的要以命相搏的时候，这关键部位得防护住啊，而且膝盖加上护膝，它还能增加战斗力。最重要的，武松找了一块膏药把自己脸上那个金印给贴上了。

宋代有个规矩，流放的犯人脸上都要有个金印。从宋江到武松，只要流放过，都会有金印，这叫刺配。配是流放，刺就是刺个金印，你看林冲也是，刺配沧州，他脸上也有金印。武松找个膏药，专门把这金印贴上了，你说是武松爱美吗？其实不是，为什么要贴上这个金印，武松怕到了快活林，引起蒋门神的警觉。怎么看这里有个牢城营的配军啊？这人是不是施恩的卧底或奸细？一旦蒋门神有了警觉，就达不到突然袭击的效果了，所以你就能体会到武松做事情的精细。所以他专门找膏药贴上这个金印。

打发走了仆人，打发走了施恩，大英雄武松不醉装醉，不晃装晃，本来有五六分醉，偏偏装得十几分，前颠后倒，左摇右晃，哼哼呀呀地朝着快活林就走来了。

接下来精彩的场景就是醉打蒋门神。做事情有很多环节，最热的那个点你只要把住了就可以。在醉打蒋门神当中，武松使用了第二个策略。

第二个策略：乘乱取胜，速战速决，做好热点管理

武松从树林里边出来，抬头看见快活林旁边的一棵大树下有一把长长的交椅，上面横躺着一个彪形大汉，目测身高有九尺开外，接近两米了。肩宽背厚，膀大腰圆，一巴掌宽的护心毛，手里拿着个苍蝇刷，似睡非睡，呼呼地喘着粗气，在那儿躺着。这一看，可能是蒋门神。

再回头看快活林里边人来人往，正常的生意还在进行，武松不动手，先看形势，他观察快活林里边是什么形势，什么场面，面案和肉案那儿专门有几个伙计在忙碌，前台有跑堂的在支应客人，柜台上有一个漂亮的妇人正在收钱。开过饭店的，大家都知道一句行话，饭店

要人扶,需要堂柜厨。真正开饭店,第一,跑堂的积极热情、有经验,会说、会聊。第二,后厨的大师傅有绝活,手面上利索。第三,柜台上有一个会算账的掌握全面的店面经理。有了这三个人,这个小店就能开得很好,根本不用老板出场。所以蒋门神堂柜厨都过关,自己就往这儿一躺,也不用操心,不用受累,只等着日进斗金就可以了。

武松大概算了算,跑堂的伙计有五个人,柜台上那个妇人基本没有什么战斗力,后厨有多少人暂时不知道,心里有把握了。看了形势之后,武松晃晃悠悠地就走进了快活林酒店。武松的思路就是,自己人单势孤一个人,对方有多少人手还不知道呢,蒋门神肯定还有徒弟,都是练家子。以少胜多怎么打?先制造混乱,乱了才有机会。所以武松进了快活林以后,首先要求尝酒。

武松往那儿座位上一坐,翻着一双醉眼,直勾勾地盯着柜台上这个美女,不错眼珠地看着。大家会发现一个很有趣的场景,大英雄武松不好女色,拒绝潘金莲的勾引,那也是个真性情的真汉子。不过武松的人生当中有两次主动调戏别人的经历:第一次是调戏十字坡卖酒的孙二娘,第二次是调戏快活林里边卖酒的这个妇人。这都是武松的策略。武松拿眼直勾勾地看那妇人,看得这女子有点不好意思,把眼睛转到别处,武松这才发话:小二在哪里?给我上两角酒来,我先尝一尝。店小二就上了两角酒。武松尝了尝说:呸,这破酒,给我换好的来我便饶了你,否则砸了你这个店。反正就是要找碴。店小二忍气吞声,递个眼色给老板娘,然后又上了两角比较好的酒,武松尝了尝说:嗯,这个酒还不错。

接着问店小二,你这个店的掌柜的姓什么?你看这没话找话,问姓什么。小二说:我家掌柜的姓蒋。武松把怪眼一翻说:他为何不姓张?我觉得武松这个问题问得太绝了,任何理性的答案都没法接,这其实就是找碴。没等店小二生气,老板娘就生气了:哪里来的醉汉在这里讨野火。店小二息事宁人，低声地跟老板娘说：这是一个喝醉酒的痴汉，不要理他。武松把眼睛一瞪：你们在说谁？店小二说：不不不，大哥，没说你，我们在闲聊，你喝你的。武松把着酒拿手点这老板娘说：来，让这女子过来陪大爷喝两盅。这回老板娘真的急了！

蒋门神的老婆脾气也不小，哪受过这种气？"嗷"的一声就蹦起来了：你这醉汉，哪里来的？在这儿撒野。说话就从柜台里面冲出来了。武松一看，火候到了，谁生气收拾谁。武松把手里的酒往地下一泼，腾就站起来了，把小褂一抢，大步一迈就抢了过去，这妇人在柜台里面还没出来呢，武松右手揪住她，左手往腰上一搂，右手抓住她的发髻，这么一顺，就跟拎根黄瓜一样头朝下把妇人就举起来了，二话不说，"腾"的一下就塞在了酒缸里面。

那几个伙计一看老板娘被塞到酒缸里面了，四五个伙计就冲上来了。武松一手一个，将两个伙计塞到这酒缸里面，这边一拳打翻一个，这边一脚踢飞一个，一招一个。所以，大家看《水浒传》写武功，尤其是徒手格斗有一个特点，就是场面都不大，动作都很快。武松是个格斗高手，见机下手，张手就来，四招拿下四个伙计。

店面上第五个伙计是比较机灵的，转身就往外跑。武松追没追？武松没追。怎么想的？武松知道那厮必然去找蒋门神来，打蒋门神不能关起门来打，得在大路上打，让大家都看着。

那伙计跑到蒋门神的那个交椅旁边耳语了几句，蒋门神大吼一声，把个苍蝇刷扔在一边，"腾"的一下就跳起来了。撸胳膊挽袖子，转身就奔着这个快活林的酒店扑了过来。武松二话不说，从门里面也冲了出来，朝着蒋门神就迎了过去。大家想象一下，惊天动地的碰撞马上就开始了。不过，在这个过程中，蒋门神先占了三个劣势。

第一个劣势，惯性。身体高大，浑身都是肥肉，他跑起来速度非常快，根本就收不住脚。便于武松下手，惯性上吃亏了。

第二个劣势，德行。《水浒传》原著写，最近新娶了这个唱曲的小妾，被酒色掏空了身体。真正练武讲究二五更的功夫，他都丢了。酒色掏空了身体，气力也不行了。

第三个劣势，心性。蒋门神自从打了金眼彪施恩以后，得意扬扬，就觉得在孟州城没有我的对手了，他根本就没有思想准备，武松就打他一个措手不及呀。武松占了四个字，稳、准、狠、快。

蒋门神朝着武松扑过来了，武松迎上去，抬起左脚朝着蒋门神肚子上踢了一脚，这一招叫鸳鸯腿，这一脚就踢得蒋门神捂着肚子蹲下了。借着左脚那个劲，武松身体往左一侧，飞起右脚。大家注意这个姿势，第二脚就起来了，飞起一脚，就扫中了蒋门神的身体。这一脚比前面那脚劲儿还大，把蒋门神踢得一个趔趄翻在地上，武松一拳就打到蒋门神的头上。前踢、后踢、一拳，三招一气呵成。这是武松的绝招，有毕生的精华在里边。武松按住蒋门神，"叮咣"几下，只打得蒋门神鼻青脸肿。

所以在整个醉打过程当中，武松第一是制造混乱，第二是激发蒋门神的怒火，让他没有什么防备，第三是上来就亮绝招，当场就占据决定性的优势。蒋门神被打得赶紧求饶：好汉饶命啊！好汉饶命啊！接下来武松使用了第三个策略。

第三个策略：事后公开信息，扩大影响，做好焦点管理

这是在大路上打人，打的是蒋门神，而且又是醉打。所以周围有很多人在看，这事就变成一个关注的焦点了。那么，群众会怎么评论？舆论的导向在哪儿？会不会有谣言，会不会有人传播错误信息？我们能不能得到大家的支持？这些都是很重要的，所以不光拳头上有本事，这人战斗完了还得注重传播效果。

这方面武林是很厉害的，他按住蒋门神就说：你求饶也可以，咱们谈三件事。蒋门神说：好汉啊，三十件也行，你说！

武松说：第一件事，还店。这个店楼不是你盖的，钱不是你挣的，人不是你招的，你抢人家老施家的店，里里外外所有东西都要还给人家。蒋门神说：可以！

武松说：第二件事，请人。把快活林有头有脸、说话算数、豪杰当家的这些人都请到店里来，当众赔礼道歉，当众承诺，还店给施恩。蒋门神说：可以！

武松说：第三件事，走人。今天天黑之前收拾你的东西，走人！以后不许在孟州城露面，你要露面，我见一次打一次，见十次打十次，我能打死老虎也能打死你个"假门神"。蒋门神说：可以，可以！

接下来的事情就比较简单了，把酒缸里面那几位都得捞出来，然后店面清理干净，摆上酒席，这边十几个豪杰当家说了算的都请过来，武松有一段表态。如果前面醉打蒋门神体现的是武松的武艺，这段表态体现的就是武松的智慧。武松说：你众人休猜道是我的主人，施恩和我并无干涉，我从来只要打天下这等不明道德的人。武松告诉大家，我跟施恩没有任何纠葛，我也不是这饭店的股东和董事，没有我一分钱的利益，我为什么要出这个头？这叫路见不平，拔刀相助。接着，武松卖个人情给大家，看在你们的面子上我不打死这个"假门神"，现在让他承诺，让他走。如果他不走，我见一次打一次，直到打死为止。这些豪杰赶紧就说：那你就饶过他吧，看我们的面子。于是蒋门神还了快活林，收拾东西狼狈而逃。

通过这件事我们就能看到，武松真的是两手抓两手硬，一方面对蒋门神这种人要用"力"说话，一方面对众邻居要用"理"说话。确实，人在做大事的时候，不光要有拳头上的功夫，还要有舌头上的功夫，武松讲理讲得很到位。收了快活林以后，生意格外的好，周围人看武松的面子对快活林都高看一眼,武松也不回牢城营了,每天就住在快活林酒楼里面。

施恩因为武松替自己出了气,对待武松就如同爷娘一般,那是真神啊,他得供着。

时光飞逝,一个月的时间就过去了,玉露初凉,金风乍起,杉杉黄叶,簌簌秋风,中秋节就要到了。这一天,武松正跟施恩在快活林里闲聊,酒楼前面来了几个当兵的,牵着马,打头一个人大声地喝道:楼上哪一位是打虎的武都头。有人来找武松。武松说:我便是,你有什么事?这军汉自我介绍:我们是孟州城兵马都监府上的人,我家相公张都监敬慕你是个打虎的大英雄,特请你到府上去叙谈,要跟你结交结交。对施恩来讲,这要求没法拒绝,因为这个兵马都监比施恩他爹的级别还要高,属于上级领导。同时,武松是牢城营的配军,他正归人家兵马都监管。另外,原著里说武松是个刚直的人,心中没有曲折,就是他对这种突如其来的事也不做分析,他想得比较简单。于是,在这军汉的邀请之下,武松收拾收拾衣服,个人的随身物品都没带,上了马就跟这帮军汉奔孟州城去了。

这一去,那真是龙潭虎穴!因为这个兵马都监张蒙方不是什么好东西,他受了蒋门神和那个张团练的唆使,正准备要陷害武松,可大英雄一点思想准备都没有。

那么各位,这些奸人是如何陷害武松的,我们的大英雄性命究竟如何呢?请看下集。

第八讲
笑里藏刀早防备

　　《水浒传》对武松的塑造可谓相当成功，他打抱不平、疾恶如仇、敢作敢为、知恩图报，是一个快意恩仇的英雄形象，而且他并非有勇无谋，他还具有一定谋略与智慧。

　　但是，就是这样一个有勇有谋的大英雄，在孟州守御兵马都监张蒙方手上却栽了个"大跟头"。从表面上看，张蒙方对武松青睐有加，关心备至，而实际上，他心里却藏着一个巨大的阴谋，并将武松一步步推入深渊。

　　在现实生活中，处理好人际关系是一门学问，如果识人不明、所托非人，就会给自己造成损失或者伤害，那么，我们在跟不熟悉的人交往时，究竟该如何智慧地处理人际关系，更好地保护自己呢？通过武松与张蒙方的故事，我们又能得到哪些启示呢？

　　如果你和朋友聊天，你问他：你们领导对你怎么样？你的朋友说：我跟你说，不知道为什么，我们领导对我特别特别好，什么原因都没有，就是对我特别好。当朋友这么说的时候，请问你心里怎么想？你会不会觉得这里面可能有问题？

大家如果在互联网上搜索一下"领导为什么对我特别好"之类的话题，会搜出很多答案。大部分都是提醒，让你努力工作，注意同事关系。如果是女生，要言行谨慎，和领导保持距离。还有人下结论说——无端献殷勤，非奸即盗。看来，什么事情都有一个限度，这种突然出现的关怀和温暖，往往让人紧张、不安。大英雄武松就遇到这样的事情了。

上一讲我们讲到孟州城兵马都监张蒙方专门派身边的亲兵牵着马，拿着请帖来请武松。武松见到张蒙方施过礼之后，侧身而立。张蒙方看着武松说了一句话："我闻之你是个大丈夫，男子汉，英雄无敌，敢与人同死同生。我帐前见缺恁地一个人，不知你肯与我做个亲随梯己人么？"大家注意，这张蒙方的情商很高，他知道武松要尊严、爱面子，所以上来先夸武松，大丈夫、男子汉、英雄无敌，可以与人同生同死。接着提要求，让武松给他做个亲随梯己人。武松当即表态：俺武松就是牢城营的一个囚犯，如蒙恩相提拔，愿意牵马坠镫，服侍恩相。那有人就说了，这算不算武松趋炎附势、攀附权贵？其实也不算。大家想一想，每一匹千里马都期待着伯乐，每一个能人都期待着贵人。

接下来，张蒙方安排手下给武松布置了一个房间，准备了酒菜，让武松在都监府住了下来。还特意安排裁缝给武松里里外外做了几套秋装。从此以后，武松在兵马都监府前厅后堂穿宅过院，跟自家人一样，前堂后堂都走得。

由于武松跟张蒙方关系走得这么近，难免有人托武松来说句话，办个事。凡是武松提要求，张蒙方有求必应。这一下把武松弄得既感动又感激。大家知道，武松是个孤儿，没爹没娘，而且哥哥死了，心里全是痛苦和悲凉。遇到张都监，不但在事业上是伯乐，而且情感上还扮演了家人的角色，给了武松无限多的温暖关爱。你说武松能不感动,不感激吗?

我们为什么对外人的关心特别感动,对自家人的关心反而感觉比较平静呢?这是因为我们对家人的期待特别多,如果家人没有做足,我们就会不满意。而我们对外人的期待特别少,更容易满足,这是期望值效应。兵马都监张蒙方跟武松素昧平生、萍水相逢,初次见面就表现得这么好,做得这么多,大大超出了武松的期望。武松格外感觉到生活的美好、世间的温暖。

不过,世上没有无缘无故的爱,也没有无缘无故的恨。此时此刻武松并不知道,他眼前的全是假象。这个兵马都监张蒙方是外君子、内小人,外热情、内残酷,是一个笑面虎。他为什么对武松那么好呢?因为他收了张团练和蒋门神的贿赂,三个人沆瀣一气,狼狈为奸,设了三个陷阱,想害死武松。

第一个陷阱:利用节日渲染气氛打动人

没几天,中秋节就到了,张都监专门请武松到后院鸳鸯楼上赏月、喝酒,共度中秋。武松很高兴,上了鸳鸯楼,发现女眷都在,有夫人、丫鬟,香味扑鼻,花枝招展。武松喝了一杯酒就不好意思了,向张都监告退。张都监说:你为何要走?武松说:内眷在此。原著中张都监这样说:"差了,我敬你是个义士,特地请将你来一处饮酒,如自家一般,何故却要回避。"让武松不用回避,都是一家人。武松再三推辞,要求回避,张都监再三挽留,于是武松恭敬不如从命,留了下来。张都监摆了一桌子酒菜,鸳鸯楼的位置还特别好,一轮明月高挂在天空,桌子上放了月饼,大家共同赏月、聊天,欢度中秋。

武松在他乡身为一个囚徒,过中秋的时候想想自己这么多年的经历,心中特别难受,而张都监的赏识和关怀让武松体会到家庭般的温暖。所以武松此时对张都监除了有下级对上级的认同、千里马对伯乐的期待，更增加了一分家人之间的亲近。这是感情上的微妙变化。

破解方法：考察其行为的目的性

在社会交往中，我们经常强调，过分的关爱往往是承受不起的。人家有可能要人、要钱、要资源、要平台，甚至要命，你给得起吗？张都监对武松不提任何要求，素昧平生，突然之间就对他十倍、百倍的好，这恐怕就是一个陷阱了。一个陌生人怎么能对你那么好呢？从目的性方面来考察的话，就要有防备之心。这事一定反常。

但武松没有想过这些，一方面武松刚直，想得不多，另外一方面是因为武松确实很缺少家庭的温暖。张都监一上来就利用自己的高情商让武松解除了防备。

第二个陷阱：利用个人感情制造假象麻痹人

中秋之夜，就在武松特别感动的时候，张都监使出了一个感情法宝，双手一拍，说：来人！角门里面一撂帘就进来一个如花似玉的美女，是张都监府上弹曲的一个养娘玉兰，人长得好，嗓子也好，曲弹得更好。张都监说：这里没有外人，武都头也算自家人，玉兰啊，良辰美景，中秋佳节，你就唱一个跟中秋有关的曲子给大家听一听。这玉兰舒展歌喉，唱了苏东坡那首著名的词："明月几时有？把酒问青天。不知天上宫阙，今夕是何年。"武松听着就想起了自己人生的起落沉浮、悲欢离合，心里的孤独、寂寞、感伤一瞬间全转化成对张都监的感恩和感动。武松觉得张都监简直就是亲人啊！

看到武松那个眼神，张都监心里有底了，心想这大英雄心里有变化了。张都监说：武松啊，玉兰诗词歌赋都会，弹琴唱歌都懂，聪明伶俐，样子也不错，我从小看她长大。你是英雄，她是美女，红粉佳人配打虎英雄，这是天作之合。我今天就把玉兰许配给你。你不要推辞，我说话算数，过几天给你们俩完婚。武松一点也没想到，看看张都监，再看看玉兰，大英雄此时此刻除了感动，还有一点点甜蜜。武松要有家室了，要在这儿扎根了。

有人会觉得，武松是不是被美色诱惑了？其实并不是武松被美色诱惑了，而是武松动了真性情。人心都是肉长的，这么美好的感情，换谁都可能动心。大家看看张蒙方这个"笑面虎"多厉害，他利用人性的特征，利用人的心理需求来设计陷阱。此时此刻，武松对张都监一点防备都没有了。

破解方法：冷静对待，坚持"日久见人心"

我想提醒大家，突然就发生的美好感情，最好要保持警觉和警惕，因为日久才能见人心，我们要把感情放到时间的长河当中去检验。能经得住时间的检验，这份感情才是可以接受、值得珍惜的。否则，这恐怕就是个陷阱了。

怀着这份感动之心，武松就放下了所有的防备，接着，问题就出来了。张都监派手下人去拿大碗，让英雄喝酒。其实就是为了灌醉武松。几碗酒下去，武松有点晃了。但是武松还有理性，晃晃悠悠站起来告辞。张都监点点头说：好，玉兰，你去送送他。玉兰脸一红，武松心一甜、一暖，说：谢谢相公，转身走了。

回到房间以后，肚子里面全是酒饭，睡不着觉啊。武松从门后捡了一条哨棒，乘着月色到院里练了一阵武术，出一出汗，散一散酒气，感觉好多了。回到房间里边，正是三更天，正准备睡觉，突然就听外面有喧哗之声。武松侧耳细听，远远听到有人喊：抓贼呀，都监府闹贼了！武松身手敏捷，拎着哨棒就跳到院里去了。

武松顺着小路往后院走。一抬头，迎面碰到了刚才唱曲的玉兰。玉兰花容失色，娇喘吁吁，说：武英雄，我看到有一个人影朝那边去了，就在那个院子里。通过这个细节描述，大家能感觉到，这个玉兰至少也是个帮凶，参与了张都监对武松的陷害。因为武松对张都监有感激、感动，而且跟玉兰有婚约在前，所以对玉兰的指点也没有任何防备。武松说：你赶紧回去，注意安全，我去抓贼。

武松拎着哨棒，三蹿两蹦就冲进了那个院子，没想到的是，早就埋伏好的军汉拿个长板凳，一下就把武松就绊倒了。一群人拥上来，抹肩头拢二背，把武松捆得结结实实。大英雄不停解释：抓错了抓错了，我是武松。旁边有人说：抓的就是你，你个贼配军。

那边张都监早有准备，挖下深坑等虎豹，埋下香饵钓金鳌，圈套早都设好了。眼见着捆住了武松，张都监一脸严肃，咬着牙出来，点着武松就骂：你这个贼配军，贼头贼脑、贼心贼肝。从他的咬牙切齿大家知道，张都监对武松得有多恨。在这么恨的情况下，还能坚持这么多天问长问短、亲密无间，你想想这个人得有多可怕，那真是披着人皮的狼啊。

张都监说：我对你这么抬爱，还想让你当个军官，还给你介绍姻缘，你就干这种勾当？你对得起我吗？武松还在解释：冤枉了，我是来抓贼的，我不是贼。张都监说：来人，搜他房间。结果押着武松回去一搜，搜出一堆金银酒器，还有一二百两银子。武松都傻了：这哪儿来的东西啊？于是，张都监派人把武松押到后院密室，第二天直接送到知府衙门。由于提前上上下下都使过银子，所以知府衙门上来就要求武松承认偷窃。武松百口莫辩，那边棍子"霹雳啪啦"打下来，而且是往死里打。英雄不吃眼前亏，武松一看，没办法了，再不认，得当堂打死，所以屈打成招，就认了一个见财起意、趁夜盗窃的罪名。各位，盗窃罪判什么刑？知府给武松判了个死刑，押进了死囚牢。

进了死囚牢，武松才明白：做衣服，介绍对象、关心职业生涯、称兄道弟，全是假的，这是要置他于死地。武松坐在牢房里开始反思，暗暗憋气，有机会一定要报仇。可是龙困沙滩遭虾戏，虎落平阳被犬欺，人家既然动手了，就必然有准备。长枷短锁把武松捆得结结实实的，还怕不放心，还把他固定到柱子上，让大英雄一点施展武艺的机会都没有。

说到这里要提醒大家，武松在张都监府里有两个细节他没有注意到，我们必须要加以注意。

第一个细节，在生人的家里不要有金钱的往来。武松在张都监府里，人家给点钱、送点礼物，他都收到藤箱子里面，金钱的往来在这里十分正常。所以在陌生的环境里不要有金钱往来，也不要存放值钱的东西，存了之后就说不清楚了。瓜田不纳足，李下不整冠，这是要犯嫌疑的。

第二个细节，在生人的家里边也要保有与熟人的交流。武松在张都监府里面做了一个长随，也算是找了一份工作，但是张都监在这一段时间里一直把武松带在身边，绝不让武松跟过去的朋友，特别是金眼彪施恩有任何往来。大家想想，这种隔绝的做法本身就包含着阴谋啊。

我们再一次强调，大处看天下，小处看人。我们看人一定要看细节、看小处。人的大处是能装的，小处是不能装的。看一两个点的细节就能把人看得清清楚楚。武松本来是具备这种能力的，但是为什么没有做到呢？因为情令智昏，他动了亲情，动了感情，动了爱情。感情太多了，就把理性扔到一边了。提醒大家，动十分感情得有一分是理性，让你的爱冷一点，不要太狂热。那么高明、精心的武松在感情的攻势之下也不自觉地上了圈套。

眼见武松被抓到知府衙门里，判了重罪，进了死囚牢，谁着急？自己人着急。金眼雕施恩风风火火、匆匆忙忙从快活林赶回牢城营来见自己的爹。施恩把事情的前前后后告诉了施老先生，老管营经验和智慧特别多，他给施恩分析了四点：

第一，人家必然是做套做了很久，陷阱早就准备好了，武松中招是难免的事；

第二，既然人家动了这个心思，绝对不会留活口，必然要把武松往死里整；

第三，从法律上来讲，武松顶天属于入室盗窃，这不犯死罪；

第四，如果对方想达成目的，就一定会在监狱里动手，暗害武松。

所以，眼前要做的就是找一个内部的人暗地里保护武松。我特别佩服这个老管营，一眼洞见了关键点。施恩一拍大腿说：父亲，那牢城营里面我有自己人，有一个康节级跟我过去关系特别好，交情莫逆，我可以去托他。施恩找到康节级，康节级提供了两条信息：

第一条，老管营的判断完全正确，都监府上上下下所有人都送了银子，要置武松于死地；

第二条，整个知府里只有一个人不愿意陷害武松，这个人叫叶孔目，是专门管审案断案的。这个人坚持原则，同时对大英雄又存有几分敬佩，他认为盗窃罪不至于判死刑，在这事上还跟知府起了纠纷，发生了几句争执。只要做好叶孔目的工作，就能保住武松的性命。

一条信息值千金！施恩立刻去拜访叶孔目，把前前后后、来来去去都给叶孔目说了一下。叶孔目正人君子，敬佩英雄，又坚持原则，不随便坑人害人，所以就跟施恩商量，在审判和断案的时候，一定保护武松。

接下来的事情就比较好办了，审案上有叶孔目帮助写判词，减罪行，能从轻就不从重；监狱里有康节级，管吃管喝，安排饮食，暗中保护，防止暗害，武松一下子就活得比较轻松，比较自在了。这就让另一些人特别生气和着急，就是张都监、张团练、蒋门神这一干恶人，所以张都监启动了第三个陷阱。

第三个陷阱：利用权力资源暗设机关害人

话说叶孔目来找知府，知府原先认为武松真的是见财起意、趁夜偷东西的贼，等叶孔目把事情前前后后向知府一亮底，知府知晓张都监花了那么多钱让自己置武松于死地，原来是坑人害人。所以知府也转变了态度。

有了叶孔目的帮、知府的托、康节级的保，三道保险保住了武松的性命。张都监干着急没有办法，因为他本身是个兵马都监，是军队官员。宋代严格执行一个基本的原则，就是军人不能干政。客观上讲，宋代的这个管理制度保护了武松。

拘押到期后，知府暗许，叶孔目从轻发落，给武松判了一个打棍子二十，刺配恩州。不过张都监有办法，买通了两个公差，安排了一个陷阱，准备在半路上暗害武松，再报一个路上发病突然死亡，神不知鬼不觉。

这就符合我们平常说的那句话：明枪易躲，暗箭难防。话说两个公差押着武松出了孟州城，走了不到二里地，路边的酒店里就钻出一个人。

这人就是金眼雕施恩。施恩想请武松和两个公差到路边喝点酒。没想到，两个公差今天一反常态，酒也不喝，饭也不吃，要求武松马上走。施恩一看话头不对，掏出十两银子要给两个人，两个公差居然不要钱。前面我们说了，反常的事情背后必定有原因。施恩也不跟他们争辩，掏出一个包袱，系到武松的腰上，低声对武松耳语：包裹里有两件锦衣，一帕子散碎银子，路上好做盘缠。这叫关心。接着说：也有两双百搭麻鞋在里面，只是路上要仔细提防，这两个贼人不怀好意。这叫提醒。施恩看出来了，武松也看出来了，今天两个解差神色不对。武松暗自点头，说：贤弟你放心，我早有准备。

接下来，两个人洒泪分别，武松甩开大步往前走。施恩把两只烧鹅挂在武松的枷子上，武松一边走一边吃，假意吃得很香，其实是做给两个公差看的。走出五里地之外，发现路边站着两个陌生人，腰里挂着腰刀，手里拿着朴刀，太阳穴鼓着，眼睛倍儿亮，一看就是练武术的。两个人远远地给两个解差使眼色，四个人就合作一处，说：兄弟你好，咱们顺路一起走吧。武松心想，这贼人有帮手，现在两边的力量是一比四。两个解差有两口刀，两根水火棍，两个刺客有两口刀还有两个朴刀，手上家伙都很硬。武松赤手空拳，而且还戴着一个大枷，手上只有两只鹅腿，什么也没有。在这种情况下，大英雄必须抢占先机，才有可能保住性命。

破解方法：找准时机，抢先反击

武松的招非常多，走不远就发现前面出现了一片水面，几条野河汇在一起，芦苇丛生，水面宽阔，河水汹涌地流淌着。旁边有一个宽板桥，上面有个牌坊，写着三个大字：飞云浦。武松假装要解手，先问解差这是什么所在，解差急了：你没长眼睛吗？飞云浦。武松说：走到桥上，我想方便一下。解差说：你这事真多，你去吧。公差的想法是：趁你解手的工夫背后一刀结果了你。所以两个刺客就低着头一步一步地向武松身边靠过来。其实武松是卖个破绽引诱他们。两人走近了，武松一身鸳鸯腿的本事，轻轻地提气，舌尖一抵上牙膛，一较劲儿，抬起一脚，把一个刺客就踹水里了，回头另一脚，咔一下，把另一个刺客也踹水里面了。两脚踹倒两个刺客，两个人入水。武松顺手就把他们落到地上的朴刀捡起来一把，这边一挣，"咔嚓"一声，大枷从武松脖子上脱落了，一般的木头枷子根本枷不住大英雄。武松举着刀奔向两个解差，这两人转身要跑，结果脚底下绊蒜，摔倒一个，武松一刀结果了这个，回头另一刀把那个也结果了。砍倒两个解差，再看这两个刺客还在水里呢，武松二话不说，上前捅倒一个，一把就薅住了另一个，刀押到脖子上，说：你是什么人？这刺客一看，只好老实交代，说自己是蒋门神的徒弟，受了张都监、张团练和蒋门神的指示，来给那两个公差当帮手，要取大英雄性命。武松问：张都监、张团练和蒋门神这三个恶人在哪里？刺客说：他们现在孟州城内鸳鸯楼上，就等着我们得手的好消息呢。武松"咔嚓"一下，把这个刺客也给结果了。

武松从一个刺客身上解下一口腰刀，整理好身上的包袱，站到飞云浦的大桥之上，看着滔滔的河水，武松面临一个选择：往前走还是往后走。

第一个方案，往前走，这是远走高飞。君子报仇十年不晚，先离开这个险恶之地，将来再找那个张都监、张团练算账。

第二个方案，往回走，这是龙潭虎穴。人家早有防备，而且孟州城里面张都监、张团练都是武官，手下人多势众，再加上蒋门神是个黑社会，手下有一帮徒弟和打手，那叫黑白两道、水旱两路，官私两面，人数众多，武松就一个人一口刀，人单势孤。所以往回走恐怕是九死一生。

此时此刻大英雄怎么想？《水浒传》原著写，武松说："虽然杀了这四个贼男女，不杀得张都监、张团练、蒋门神，如何出得这口恨气？"所以武松决定，明知山有虎，偏向虎山行。不是龙潭虎穴吗？武二郎就来闯一闯，甩开大步，带着这口腰刀，武松奔着孟州城就杀回来了。

这孟州城里鸳鸯楼上，戒备森严。要解心头恨，挥刀斩仇人。大英雄武松能不能顺利地报仇呢？在孟州城里，龙潭虎穴之中，武松又将经历怎样的挑战呢？请看下集。

第九讲
英雄本色看行为

蒋门神、张团练、张都监等人想在飞云浦了结武松的性命，不料被武松先发制人，躲过了歹人的暗害。疾恶如仇的武松要回孟州城找这三人报仇，但双方实力悬殊，复仇一事只能在险中求胜。

不过，武松的过人之处就在于，无论再怎样怒发冲冠、豪情万丈，做事也从来都是精心谋划、周密安排。在我们的日常生活中，要想把事情做好，也必须提前谋划、妥善安排、周密细致。

那么，武松将如何谋划报仇一事？复仇后他又将何去何从？这一路上他将遇到哪些奇遇？我们从中又能获得哪些启示呢？

事情要想做得精彩，必须提前计划。《大学》里有一句著名的话："物有本末，事有终始，知所先后，则近道矣。"就是告诉我们，做事需要知道先干什么，后干什么，必须安排清楚。

我们看武松的故事，开始你以为就是看他的功夫，其实这里面基本没什么武打动作，就是一招或者两招解决问题。我们看他的故事，是看他那股做人做事周密精细的劲头，从斗杀西门庆到醉打蒋门神，他做什么事情都是流程妥帖、安排周密的，令人印象深刻。

这一次，武松要单枪匹马回孟州城报仇，双方实力悬殊。别说孟州城的衙门里面有多少差役，单看都监府，防卫人员也要上百，而武松就一个人。在整个报仇过程中，武松这种周密细致起到了至关重要的作用。

在《水浒传》中，作者用一首诗来描述武松报仇："暗室从来不可欺，古今奸恶尽诛夷。金风未动蝉先觉，暗送无常死不知。"这首诗是说秋天即将到来、风还没有刮起来的时候，树上的蝉就已经知道秋天将至，它有预知能力。人跟人交往的时候，明枪易躲，暗箭难防。武松决定使用偷袭的方式。而且武松有优势，他在都监府里住了很长时间，整个房屋、院落、结构、路径都非常熟悉。武松悄悄地潜入了孟州城，来到都监府后门，门口有个马厩，他用两个门板搭在墙上，从马厩爬上门板，翻墙而入。

所以大家想一想，张都监在算计武松的同时也算计了自己。他本来想在都监府里给武松设一个套，表面上和武松很亲密，内地里暗算武松，他得逞了。但是他把武松请进都监府的同时，也让武松熟悉了他所在地盘的人和环境，等武松报仇的时候，武松对他的暗算也得手了。这就是机关算尽太聪明，反误了卿卿性命。

在职场中，有些人特别爱耍小聪明，爱算计别人，尤其是算计自己亲密的人、熟悉的人。但是，从另一个角度看，这种人最后都得不了便宜，甚至没有好下场。这在经济学上叫"策略都是对称的"，力的作用是相互的。

话说武松沿着厨房悄悄地摸上了鸳鸯楼，楼上点着几根大蜡，这天晚上天气很好，皎洁的月光从窗户外面照进来，鸳鸯楼上很亮堂。张都监、张团练、蒋门神这三个恶人正在热火朝天地聊天，酒杯、菜盘子还没撤呢，蒋门神正腆着大肚子，半躺到交椅上，向张都监献媚：高！实在是高！都监大人这招太到位了，大仇得报、事成之后我另有重谢。张蒙方得意扬扬地坐在主位上，拈着胡子，眯着眼睛，打着酒嗝儿，笑眯眯地说：虽然你破费了一些钱财，但是不看我兄弟张团练的面上，谁肯给你干这种勾当？这一次安排武松那厮安排得妥当，飞云浦他必死。张团练点点头帮腔说：四个人对付一个人，他活不了。天亮之前，好消息就会来。蒋门神接着说：我已经吩咐我那两个徒弟了，活儿干得利索点，得手之后迅速回来汇报。

大英雄武松在门外听得这些话，怒火中烧！左手叉开巴掌，撩开帘子，右手挥着钢刀，大喝一声就闯进屋里。第一眼看到的是旁边半躺半坐的蒋门神。在现场三个人当中，蒋门神的武功是最高的，所以武松的第一攻击对象，就是蒋门神。

蒋门神一回头，醉眼惺忪，看到进来的是武松。蒋门神已经喝醉了，啊呀一声，没等他反应呢，武松跳过去，挥刀就砍。武松对付这三个恶人用了多少武功招数呢？告诉大家，一共用了七下，都不是七招。

第一下是一刀剁了蒋门神。蒋门神躺在交椅上，武松劈面一刀，连人带交椅砍翻在地，蒋门神就不动了。回头只见张蒙方吓得腿都软了，瞪着眼睛在那儿哆嗦。武松跳过去，二话不说，连脖子带脑袋，咔嚓一刀，把张蒙方砍倒在地。张团练是个武官，尽管喝醉了酒，但本能还在，他抄起一把硬交椅对着武松打了过来。武松把钢刀一举，左手往前迎上去，就势一拳，把张团练打倒在地，右手刀起，一刀下去，咔嚓一下把张团练的头切下来了。这是三刀、一拳。武松回头再看，蒋门神没死，在地上打个滚，晃晃悠悠地站起来。武松抢步上前，飞起一脚把他踏在地上，再一刀，把脑袋切了下来。回过头又一刀，把张蒙方的脑袋也切了下来。大家算一算，一共是五刀、一拳、一脚，七下就把三个恶人收拾了。

然后武松点点头，撕了一块布，蘸着血，在粉皮墙上写了一行大字：杀人者，打虎武松也！明人不做暗事，好汉做事好汉当。英雄写完了没走，又喝了几杯酒，吃了两口肉，捡几个结实的金银器皿，扔到地上踩扁，随身揣着，权作路费。这边甩了甩刀上的血，横刀要往楼下走，只听楼下张蒙方的老婆招呼随从说：楼上怎么有动静？是不是几位大人喝醉酒了，你们赶紧上去搀扶。有两名亲随沿着楼板上来了，武松侧身躲在暗处，把两个人放过去了。

两名亲随走上楼来一看，满地血污、三个死人，吓得啊呀一声，武松二话不说，从后面跳出来，一刀结果了一个，另一个跪地求饶，一刀把他也给灭了。杀了亲随，下得楼来，又一刀砍翻了张蒙方的老婆。

说到这儿，我们就得佩服武松的精细劲儿了。前面说了，武松进府的时候是翻墙进来的。进来后，他把小角门先打开，门闩都拔了，门虚掩上，保证自己退路畅通。再一看手中的刀已经豁口了，于是把刀一撇，顺着虚掩的角门又出来了，角门外面已经提前立好一口朴刀。这朴刀擎在手，武松又进到院里。一抬头，看到当初配合欺骗武松的养娘带着两个年轻的奶娘正在张蒙方老婆旁边叫人，武松一瞪眼睛，噗噗噗三刀，把三个人也放躺下，杀得遍地血污。之后走到后院，把金银器皿往身上一缠，一路小跑就出了都监府。

孟州城是小城，城墙并不高。武松走到城墙边暗自盘算，天亮之后，必定会全城搜捕，是非之地，不可久留，得赶紧出城。虽然城墙不高，但是一般人是翻不过去的。武松怎么过去的呢？《水浒传》这样描述：武英雄武二郎手里拿一长把朴刀，把朝下，刃朝反面，背朝自己，手捏着，一杵地，借着劲，就跳出去了。落地之后这边一拔，刀跟着也出来了，落到护城河边。天有点凉，护城河水不太深，武松淌着水过了河，上岸后收拾收拾衣服，换了双新鞋，然后甩开大步，离开了孟州城。

这是武松血溅鸳鸯楼的整个过程。

关于这一段，很多人说里面有无辜的人，他们并没有参与陷害武松。武松为什么要杀这么多人呢？我觉得有三个原因。

第一个原因，文本的原因。《水浒传》是来自民间的话本，什么叫话本呢？就是民间艺人在街头讲的评书小段。为了增加现场效果、抓人的心，这个话本要有一些与众不同的情节。所以，《水浒传》里有很多恐怖的场景、恐怖的描述，甚至血腥的内容，这是为了展现效果。

第二个原因，文化的原因。《水浒传》反映了中国传统社会的流民文化。流民文化有两个特点：第一，居无定所，不成家；第二，四处抢劫搞屠杀。

第三个原因，也是最重要的原因，就是它反映了中国古人看待事情跟现代人的逻辑不一样。现代人是事件关联追责，古人则是人际关联追责。什么叫事件关联追责？比如有一个人开枪打死了一只保护动物，要被追究法律责任，还要追究谁通风报信，谁放哨，谁提供的枪，谁给他窝赃，谁给他销赃，这些人都是从犯，都要追责，这叫事件关联追责。古人是人际关联追责，一个人出了事，三亲六故都要受牵连，小罪夷三族，大罪夷九族。中国历史上有一个人叫方孝孺，被明成祖灭了十族，九族外加学生。这就是人际关联追责，为了起到震慑作用。另外，它也体现了古代社会的这样一种逻辑，凡是你干了出格的事，跟你有关的人都算帮凶。所以，武松杀这么多人，他的人际关联的基本逻辑是：既然张都监陷害我，凡是跟张都监有人际关系，特别是密切人际关系的人都算从犯。

所以，我们看古代作品，需要追溯到那个时代，考虑当时的文化特征。

离开孟州城后，武松一路前行，他将遇到"老熟人"，也会认识"陌生人"，一路上惊心动魄的故事不断发生。结合武松的奇遇，我们能从他的行为上总结出哪些行为特征呢？

第一个行为特征：高示范行为，仗义疏财，做楷模

话说武松，走着走着觉得身体有点不舒服了，刺配之前后背挨了三十大棒，此时背上棒创发作，汗水浸入创口，钻心的疼。

武松一路困倦，一路疼痛，步履蹒跚，越走越晕。眼见不远处松林里有个小庙，武松舒了一口气，总算有个地方可以歇一歇了。英雄晃晃悠悠走进小庙，把朴刀一立，扶了扶腰上的金银包裹，靠着墙一下就睡过去了。

刚刚睡着，外边就来了四个男女，拿着绳子和挠钩，低声商量：看这个人一身血，带着刀，腰上鼓鼓囊囊的，必是个作案得手的强盗。咱们捉回去，献给主人家，能得一把好金银。于是伸出挠钩把武松搭住了，这边上去就拿绳子捆。等武松从梦中惊醒的时候已经被捆得结结实实的，反抗不了了。四个人推推搡搡，把武松推到一个草屋里，解开武松腰上的包袱，里面全是金银器皿，踩扁的酒器上还镶着珠宝。这几个人说：哎呀，今天发财了，这是个肥货。武松眯着眼睛往墙上看，这一看心惊肉跳，土墙上吊着两条人腿。哎呀，武松心里说：这是个人肉作坊，卖人肉包子的。武松暗自感叹：早知这样不如不出孟州城，直接去官府投案，就算一刀一刀把我剐了也落个青史留名。死在这几个人的手里，我就变成包子馅儿了，太冤了。四个人里有个打头的跟另外三个人商量：你们看住了他，我去报与主人家。

正说着，院里就有动静了，一个男声、一个女声。只听那女声说：你们且不要动手，等我亲自来开剥。然后进来一个女人，撸胳膊

挽袖子，手拿牛耳尖刀，对着武松要下手。武松一抬头，两个人对了一眼。这一对眼不要紧，妇人把刀扔了，扑哧乐了，说：哎呀，叔叔，原来是你。武松一看，熟人！孙二娘。另一个男人是孙二娘的丈夫菜园子张青，也是熟人。孙二娘说：贤弟，你如何落到这个地步？旁边那四个人也傻了。再看武松，衣服都被血浸透了。武松点点头说：嫂嫂，赶紧把我解开，慢慢跟你说。这几个人七手八脚把武松的绳子解开，武松换了身干净衣服，坐到椅子上。然后把整个事情的来龙去脉一五一十跟孙二娘说了，重点讲了大闹飞云浦，血溅鸳鸯楼，讲得四个伙计目瞪口呆。

武松说完，四个人跪地告饶，说：大英雄，我们有眼不识泰山，我们是张掌柜家的伙计，赌钱赌输了，所以到树林里去埋伏，没想到，冒犯虎威，把你给抓了。你大人不记小人过，宰相肚里撑大船，把我们都饶了吧。孙二娘瞅着这四个男女又乐了：我兄弟如果今天不是困了、累了，慢说你们四个，四十个也敌他不过。武松也乐了，呵呵地笑着说：你们缺钱是吧？说着直接从包里面拿出一个十两的大银，往几个人眼前一放，说：拿去，你们去分，花完了再来找我。菜园子张青一看不好意思了，自己也掏出五两银子给那四人。这几个人白得了十五两银子，磕头而去。

请大家注意，整个梁山团队绝大多数好汉的行为特征都是一致的：关心下属，满足需求，不计前仇，仗义疏财。这都是做大事的人的格局。梁山头领的这种行为引导着整个梁山团队保持了强大的战斗力、凝聚力，我们把这种行为称作榜样示范作用。榜样的力量到底有多大呢？

波波玩偶实验

心理学家班杜拉在斯坦福大学幼儿园做了一个波波玩偶

实验，参与者是幼儿园的36个男孩和36个女孩，年龄为3～6岁。班杜拉把这些孩子分为三组，安排他们玩玩具。

第一组孩子在玩玩具的过程中，工作人员安排一个成年人用多种方式攻击玩偶，还夹杂着攻击性语言。第二组也安排一个成年人与孩子们玩玩具，但举动比较温和，没有攻击行为。第三组是对照组，孩子们自己玩玩具，没有成年人参与。

工作人员暗中观察每个孩子的行为，并给出每个孩子攻击性行为的等级。结果发现，相比另外两组，第一组儿童在看到成人攻击玩具的示范后，他们的攻击性显著增强。波波玩偶实验揭示了一个规律，人的特定的行为是通过观察和模仿形成的。

通过这个实验，我得出四个结论。

第一个结论，父母和老师是孩子最重要的榜样。孩子在家里模仿父母，在学校里模仿老师。所以请广大家长和学校的老师，特别是幼儿园和小学的老师要注意语言和行为。你不能抱着颗爱心，但语言和行为粗暴，孩子们会模仿，严重的可能走上歪路、邪路。

第二个结论，媒体是引导社会风气的关键。如果媒体上传播的全是凶杀暴力、尔虞我诈、钩心斗角，缺少正能量，青少年儿童从小泡在这种舆论环境中，久而久之，后果不堪设想。

第三个结论，偶像人物的影响力不可小看。模仿偶像是人类的天性，如果这个偶像的行为是负面的，我们的孩子会朝哪个方向发展？所以社会公众人物要有责任感，规范自己的行为，否则就没有资格当公众人物。

第四个结论，一群人联合起来组成团队，做事要讲究一个规律，叫推拉结合。什么叫推？你干好了我给你奖励，你干不好，我要提出惩罚，这是推着大家往前走的力量。很多单位都有绩效考核，每个人都有KPI，大家都要背任务。但光有推的力量不够。还有一种力量是拉，队伍前进的时候有一个人在前面引导、示范、带领、传授。光有牧羊犬，没有领头羊，这群羊是要跑散、跑偏的。

那么，梁山团队不光赏罚严明，而且带队伍的头领从宋江到武松，都能够以身作则，仗义疏财，关心下属的需求。这是梁山好汉的凝聚力和战斗力的来源，这一点值得我们现代人在职场上学习。

第二个行为特征：群体协商行为，遇事集思广益，提高集体智商

武松的第二个英雄行为是群体协商行为，遇到事情集思广益，提高集体智商。

话说武松逃离了孟州城，第二天早上，孟州城乱成了一锅粥。整个都监府男的哭，女的叫。孟州地方官安排有关人员到现场勘察，知府派出的公差回府禀报：先从马院里入来，就杀了养马的后槽一人，又脱下旧衣二件。次到厨房里，灶下杀死两个丫鬟，厨门边遗下行凶缺刀一把。楼上杀死张都监一员，并亲随二人。外有请到客官张团练与蒋门神二人。白粉壁上，衣襟蘸血，大写八个字："杀人者，打虎武松也！"楼下搠死夫人一口。在外搠死玉兰并奶娘二口，儿女三人。共计杀死男女一十五名，掳掠去金银酒器六件。这个文书写得非常精细。武松犯的是惊天大案，杀死朝廷命官，而且一个人杀的人数就超过了十个，飞云浦的地保又来报告，武松杀死两个公差，还有两个蒋门神的徒弟，这个案件的人数就增加到了十九人。

知府是怎么安排的呢？"知府押了文书，委官下该地面，各乡各

保各都各村，尽要排家搜捉，缉捕凶首。写了武松乡贯年甲，貌相模样，画影图形，出三千贯信赏钱。如有人得知武松下落，赴州告报，随文给赏；如有人藏匿犯人在家宿食者，事发到官，与犯人同罪。"这个安排也很周密，整个孟州城行动起来，风声越来越紧，排山倒海，挖地三尺，要捉拿武松。

武松在十字坡张青、孙二娘这儿就有点待不住了。因为地方上的地保，乡里的、县里的、州里的这些公差轮流来敲门，都为了捉拿武松。最后武松跟张青商量：我在这儿待不住了，待久了要连累你！张青是个精细人，他跟武松商量：我已经给你想好了一个去处，离孟州城不远有一个险峻的高山唤作二龙山，二龙山上真有两条"龙"，一个唤作花和尚鲁智深，一个唤作青面兽杨智，啸聚山林，打家劫舍，官府都惧怕他二人，一身好本事。这两个人跟我素有来往，将来有一天我夫妇二人也得上山。今天我就给你写封书信，介绍你去那里归宿。武松点点头说：哥哥安排得好，我就此上二龙山去吧。

兄弟二人正在商量着，门外进来孙二娘。没想到孙二娘坚决反对。她跟张青说：当家的，你的想法只有一半好，就是二龙山可去。但是你没有想到，咱兄弟怎么去二龙山？他要上路的话，不出三十里，那些人就得把他给抓了，三千贯赏钱，谁不想抓他？张青说：他不就是脸上有个金印吗？我用两贴膏药把金印给贴上。孙二娘说：那更明显！我倒有一套主意。武松点点头说：全凭嫂嫂安排。

所以大家看到，做事情得集思广益。一个人的认知是有限的，事到临头，往往是"当局者迷，旁观者清"，必须有多方面的意见和建议才可以进行重大决策。水泊梁山的英雄们，上山前后，基本上保持了一个优良传统，就是遇到事情，大家坐在一起畅所欲言，群策群力，集体协商，不搞一言堂，不搞拍脑门决策。兼听则明，偏听则暗，群策群力可以最大限度地放大策略空间，是寻找最佳解决方案的好办法。

孙二娘拿出一堆宝贝向武松介绍：当年有一个头陀僧到我这儿来住宿，我把他麻翻后宰了，他身上的戒刀、戒箍、衣裳、度牒和数珠这些东西我都留下了。不如你打扮成头陀的模样，试一试这衣服合适不合适。这武松一试，衣服还真合适。孙二娘又给武松整理了一下头型。两边的头发垂下来，正好挡住武松脸上的金印，拿一个戒箍一箍，基本上就是头陀的模样。

那个年代，度牒相当于现在的身份证，古时没有照片，很容易冒名顶替。而且僧人是可以免罪的，大小关口检查站也都可以畅通无阻。这下武松有了护身符。

第三个行为特征：亲社会行为，除暴安良，为民除害

辞别了孙二娘和张青，武松大步踏上投奔二龙山的道路。对武松来说，去二龙山是为了避难，虽然有出家人的身份保护，但在这逃亡路上越低调越好，悄无声息地尽早到达二龙山才是当务之急！

武松走了不到五十里，望见一座高岭，趁着月明，一步步走上岭来。

借着月光，他看到松树林里有一座坟庵，约有十几间草屋，亮着灯。走近了，侧耳一听，草屋里有男人和女人的说笑之声。武松想：这事怪了，坟庵是个修行人的地方，怎么有男女说笑之声？武松把戒刀拔出来，攥到手里。

走到庵前用手敲门，出来一小道童，还挺横！问道：你什么人？在这儿乱敲门，我这什么地方，你也敢来？武松一看，这道童不是良善之辈，暗想：不如拿你祭了刀。二话不说，一刀就把道童斩于门前。屋里出来一个老道，这老道身材高大，凶神恶煞，阔口裂腮，瞅着武松，咬着牙说：敢杀我道童，你不怕死吗？武松把刀亮出来了，

心想：咱俩过两招吧。老道使的是双剑，两个人在庵前打起来了，双刀对双剑。在武松行侠仗义的整个过程中，这个老道是唯一能跟武松打上十几回合的人。你来我往，谁都不落下风，武松心说：哎呀，真有两下子。不过武松有绝招，可以叫作回光返照绝命刀。武松把两个刀往边上一顺，老道看到有空档，抡着双剑就劈过来。武松来个大转身，转身到老道身体侧面，这刀从前往后甩，人往前走，刀往后来，一刀过去，刀光闪处，人头落地。这人头在空中飞，老道的"啊呀"声还在。

武松进了庵才发现，屋里有一个女子。女子告诉武松：我家里都是良善之人，这个老道号称上知天文，下晓地理，通梅花易数，善阴阳风水，会看麻衣相、布衣相。结果我父母就信了，把他请进家里看阴阳风水。可是老道并不看阴阳风水，一看钱财，二看美色。看到我家里广有钱财，而且我长得好看，老道起了歹意，把我父母兄弟都害死了，抢了钱财，又把我掳到山上来。这岭因为蜿蜒曲折，叫作蜈蚣岭，所以老道字号为"飞天蜈蚣"。今天英雄你杀了他，也算为地方除害，为我报仇。武松点点头说：你也是个可怜人，赶紧收拾东西，下山吧。在女子收拾东西的时候，武松准备在灶下放火。

大家知道，武松还有一个行为特征，亲社会行为。就是在社会生活当中能够帮助他人、奉献社会，关键时刻成全他人的行为。亲社会行为有利于人格的成长、社会资源的整合。如果一个孩子没有亲社会行为，就会变得自私、孤独、冷酷，甚至残忍。我给大家提两个建议。

第一，在孩子成长过程中，让他早一点过过集体生活，跟别的小朋友交往。当他跟别人发生争执的时候，家长和老师要用正常的眼光来看待，不必过度担忧，这是他成长的一部分，而且是很重要的一部分。这样可以让他更容易融入社会。

第二，家长和老师要给孩子树立一个好榜样，带着他去关心帮助他人。这些示范和亲身体验对孩子的成长都是至关重要的。

就在武松准备放火的时候,女子跟武松说:英雄!你先别放火,桌上有酒肉,你要不要吃点?武松机警地问道:你莫不是要害我?女子说:我怎敢害大英雄,你这样辛苦,吃点酒肉再走吧。武松真饿了,于是喝酒吃肉,等到吃饱喝足了,女子收拾了一包金银要献给武松。武松说:金银你拿走,自己去过生活,赶紧下山。这边用火点着草房子,把两具尸体扔到草房子里,一把火烧掉。然后整理包裹,收好刀,大步下山去了。

再往前走,就到了青州地面,路过一个著名的险恶之地——白虎山。在白虎山下,武松有一段奇妙的经历。前有景阳冈武松打虎,在白虎山武松打什么?武松打狗。各位读者,老虎好打还是狗好打?这事还真难说。请看下集。

第十讲
人际关系有强弱

武松是个命运多舛的人，很多时候他都在躲难、逃亡、漂泊的路上，但他也是个义薄云天、肝胆相照的人，在危难时刻总能遇到贵人帮他出谋划策、逢凶化吉。一路上，他结识了许多朋友，拥有自己的人际关系，这一路可以说是武松的成长之路。

其实，在现代社会，我们每个人都需要朋友，需要一定的人际关系，人际关系反映了人与人之间的相互联系与相互作用。好的人际关系可以让人朝更好的方向发展。那么，通过观察武松的成长之路，我们发现梁山好汉间的人际关系有什么特点？他们是如何构建自己的人际关系的？我们又能从中得到什么样的启示呢？

这一讲，我们聊聊人际关系。通过现在的社交媒体，我发现一个有趣的现象，微博上都是生人，微信上都是熟人。比如，我发了一条微博，点赞的人并不多，关注者都是生人，看一看热闹，然后就各忙各的事情去了。但是，同样的内容发在微信上，就会有铺天盖地的点赞和回复，连着好几页都看不完。在微信上都是熟悉的人，亲人、朋友、同学、同事,大家关系密切,互动就比较多。

我们可以把人际关系分为强关系和弱关系两种。强关系是指个人的社会网络同质性较强(交往的人从事的工作、掌握的信息都是趋同的),人与人的关系紧密,有很强的情感因素维系着人际关系。用常话说,就是关系很铁。反之,弱关系的特点是个人的社会网络异质性较强(交往面很广,交往对象可能来自各行各业,因此获得的信息也是多方面的),人与人的关系并不紧密,也没有太多的感情维系,这就是所谓的泛泛之交。水泊梁山的英雄聚义是建立在强关系基础上的,而且大家成了生死兄弟,这是一种超强的关系。梁山英雄的强关系是如何支撑起事业发展的呢?我们来分析一下。

上一讲我们讲到武松离了孟州地界就奔着青州白虎山的方向来了。正是隆冬时节,武松一路顶着北风,冻得浑身僵硬,路上又喝酒又吃肉,也抵不住天寒地冻,艰辛地走了几天,山冈尽头出现了一座大山,山岭巍峨,怪石嶙峋,非常险峻,这就是白虎山。

下了山冈,在山前出现了一个村落,路边有一个小酒馆,酒馆前面有一条蜿蜒的溪水。武松心里很高兴,大步流星就闯进酒馆里来,大喊:店家,有好酒上一点,肉也给我切一些过来。店家笑呵呵地出来说:这位客官,酒倒是有,但肉已经卖完了,非常不巧。武松说:那先打两角酒来。这两角酒差不多是二斤。

两角酒喝下去,武松就有点喝大了,因为在这之前,武松已经喝过两角酒了。忽然小门一开,进来一个小伙子,后面跟着四个客人。小伙子头上戴着一方红巾,上身穿着一个鹦哥绿的战袍,脚上一双油棒靴,长得圆脸大眼睛,厚嘴唇,鼻直口方,相貌堂堂,身高七尺左右,二十五六岁年纪,很威武的一个年轻人。进屋以后,直接坐在武松斜对面,大手一挥,说:店家,我安排你的事办了吗?店家上去就赔笑:二郎,事我已经给你办好了,稍等。店家一路小跑,到后院抱进来一瓮酒，然后端出两只煮好的鸡和一大盘子精肉，往桌上一放。酒香和肉香弥漫了整个小店。

《水浒传》中是这么说的："武行者不住闻得香味，喉咙痒将起来，恨不得钻过来抢吃。"武松看看自己眼前这两杯残酒，一大盘子烂白菜，火就起来了，说：店家，你过来！店家说：客官，什么事？武松说：你也太欺负人了，为何他有酒有肉还有鸡，为何不卖肉与我？店家找理由说：客官有所不知，那是他自家里带来的，借我这地方吃，不是我店里的。武松说：你少来，你们这些店从来都是禁止吃外食的，另外你这肉从后厨里端出来，你以为我没看见啊？店家说：你这个头陀怎么不讲道理？武松说：老爷就不讲道理。店家说：你这个出家人还敢自称老爷？武松一咬牙就站起来，巴掌一挥，对着店家"啪"一声就打在脸上了。店家原地转了个圈，脸立刻肿了起来。正在喝酒吃鸡的小伙子把酒杯放下，瞅着武松说：你这个出家人怎么伸手就打人？你不知道出家人要有修行吗？忌贪嗔痴慢疑，为何随意就动那嗔心？武松说：我自打人，干你甚事？小伙子说：脾气挺大哟，还不让我管了？武松说：你怎么跟我说话呢？这时小伙子说了一句招祸的话：你这厮要和我打，那是太岁头上动土。武松说：你以为我怕你？小伙子一撩门帘就跳到院子里说：来来来，咱俩过两招。武松也跟着跳出去了。

小伙子看武松这身高、这体态，觉得他有点力气，所以拉开一个门户，并未轻易动手。武松伸手就把他的手抓住了，轻轻一带，把这小伙子带到怀里，再一甩，就把这小伙子给摔到地上了。武松一脚踏住，"拣那个结实处，乒乒乓乓就打了二三十拳"。各位注意，武松手下留情，没拣要害处打。打完武松拿手一拎，对小伙子说：去洗个澡，清醒清醒。一扬手，把小伙子扔到溪水里了。要知道这可是天寒地冻的季节，溪水冰冷刺骨。跟着小伙子的四个伙伴见状，赶紧把他捞起来。再看店主人，早躲到后边去了，武松看店里没人，正好喝酒、吃鸡。两只鸡、一大盘子肉、一坛子酒顷刻之间被武松吃光了。武松站起来整整衣服、收收戒刀，撩开门大步流星往外走。走了三四里路，风勾酒气，武松摇摇晃晃，走路不稳。

这时，《水浒传》中一个着墨不多、仅出场一次却十分有名的角色出现了，这个角色叫大黄，是一只黄色的土狗。它从土墙后出来，对着武松狂吠。武松二话不说就把戒刀亮出来。一见武松亮刀，大黄后退几步，对着武松继续叫。武松就和这只黄狗追追停停。武松越追越急，越追越气，眼看追到水边，一咬牙，抡起刀奔着狗就砍过去，可是因为酒喝得太多，这一刀用力过猛，狗没砍着，武松一头就栽到溪水里，刀也"噌啷"一声掉进水里去了。大黄站在溪边瞅着武松继续狂叫。

我对武松打狗这一段印象特别深，因为在整整十回的武松故事当中，唯一能和武松单挑还能全胜的就是这只狗了。武松又气又恼，又羞又憋，从冰冷的溪水里晃晃悠悠站起来，蹲着身子去拿刀，没想到"扑通"一下，又栽进水里去了。这一次无论如何也起不来了。

正在这时，上游和下游各来了一拨人。下游来了个穿黄袄的青年，带着十几个庄客，手里拿着棍棒。上游来的就是刚才挨打的小伙子，换了一身干的衣服，手里拿一朴刀，带着二三十号人。这两拨人兵合一处围住了武松。武松不服气，但他根本就起不来身。黄袄大汉发一声喊，几十人上来，七手八脚就把武松按在这儿了，可叹武松醉了酒，一点反抗能力都没有，束手就擒。

我们来分析一下，为什么武松能打虎，却打不了狗呢？大家想一想，武松打虎那是血性，武松打狗那叫任性。进了店打人，出了门打狗，他太冲动了。那么，冲动的性格是怎么形成的？心理学研究表明，冲动的性格有四个成因。

第一，自卑。家庭背景、社会背景、职业特点、个人经历，甚至身高长相等因素都会令一个人产生自卑心理。特别是在现在的社会，父母关系、家庭关系不稳定的孩子极容易自卑。一个孩子如果自卑了，就要靠攻击行为去补偿。这是由自卑心理造成的易冲动的情况。

第二，自尊心受挫。一个自尊心特别强、特别敏感的孩子，受了挫折和打击，心里不痛快，觉得憋屈，就会用冲动的攻击行为进行自我释放。

第三，不良的家庭教育。以下三种家庭教育容易让孩子出现冲动行为。第一种就是溺爱的家庭，比如受到溺爱的幼儿特别容易在幼儿园攻击小朋友，因为他要用这种方式争夺资源、博得关注。他觉得世界是他的，别人都要靠边站。第二种就是专制的家庭，这种家庭的家长经常不尊重孩子的意见，令孩子的内心受到压抑，从而表现得易冲动，有攻击性。第三种是易冲动的家长。在这种家长的影响下，孩子自然也容易冲动，这符合上一讲提到的儿童对成人的模仿现象。

第四，人际关系的博弈。如果在社会生活当中，老实人总是吃亏，年轻人就会得出一个结论：只有一定程度的冲动和攻击性才能更好地保护自己。所以当社会出现这种风气的时候，人们也容易变得冲动而有攻击性。

那武松的冲动和攻击性从何而来呢？恐怕更多来自他的个人经历和家庭背景。他自幼父母双亡，哥哥又比较懦弱，从小没人关爱，令他的自尊心特别强，且老是受挫，最终导致了他这种易发怒、爱攻击人的性格特点。

那么我们身边如果有一个这样爱冲动的亲人或者朋友，怎么帮他改善呢？我有以下几个建议。

第一，让他体验家庭的关心和温暖。

第二，多支持、多鼓励，增强自信心和自尊心。

第三，改善生活习惯，比如戒烟、限酒、控糖、适度运动、充分休息。

第四，做一些自控力的训练，比如每天记日记，每天坚持跑步。

第五，当众承诺并事后反思。

第六，身边人要多理解、多提醒他。

武松被人活捉，众人将他捆到院里大柳树上，脱光了拿藤条打。北风吹着，武松又冷又疼。正打着，后院出来一个师傅，见两个小伙子正在打武松，说：先不要打，我看他也是个好汉，等我上前问一问。

这个人先看了看武松身上的金印，又看了看他背后的棒创，再回过头来托起武松的下巴，撩开头发一看，不由大叫一声：啊呀！贤弟，怎么是你？武松睁开眼睛一看，乐了，这是熟人啊！山东郓城县县衙的押司、及时雨宋江宋公明。

讲到这儿，我们通过武松的冲动性格来分析一下梁山好汉人际关系的三个特点。

第一个特点：通过深度交往，把生人关系变熟人关系，把熟人关系变知己关系

比如这两个小伙儿，跟武松本来是生人、是仇敌，经过宋江这一介绍就互相熟悉了。宋江指着武松介绍：这是景阳冈上打虎的英雄武松，名满天下，你们怎么能打得过他？接着指着那两个人给武松介绍：这两个人是孔家庄上的一对兄弟，孔家庄的庄主叫孔太公，孔太公有两个儿子，被你打的是小儿子，脾气特别急，外号叫独火星孔

亮。穿黄袄那个比较沉稳的是哥哥，唤作毛头星孔明。一介绍完，双方哈哈大笑，赶紧给武松松开绑绳，换身衣服，进屋落座，摆出酒宴。

酒宴上，宋江问武松：贤弟，你如何流落到这里？武松就开始讲自己的经历——斗杀西门庆、醉打蒋门神、大闹飞云浦、血溅鸳鸯楼、夜走蜈蚣岭。武松又反问宋江：哥哥你如何在这里？宋江也向武松解释：孔太公和我关系不错，请我到庄上一住。另外，宋江也是孔家兄弟的师父。

要知道，《水浒传》里的人际关系都是从相识到相知，从相知到成为生死兄弟，都有这个过程。

当天晚上，宋江要与武松同榻而眠。大家注意，同榻而眠需要极其亲密的关系，只有关系特别近，才能说很多贴心的话，这也是提升感情指数的有效手段。这一晚宋江说了很多知心的话，武松也倾吐了不少苦水。第二天，兄弟二人心情都舒畅多了。

这天，孔太公又设摆酒宴招待武松，十里八乡的人听说打虎的武松来了，都到酒宴上给英雄敬酒。酒宴后，回到房间里，宋江再一次跟武松聊天：贤弟，你接下来要去哪里？武松说：我有张青的一封信，要上二龙山。武松反问宋江，哥哥你要去哪儿？宋江说：清风寨的知寨小李广花荣也是我的旧相识，他邀请我去住一段时间。你跟我去清风寨得了。武松说：我是重罪，杀了朝廷命官，背了十九条人命，我不能给你添麻烦，还是上二龙山落草，将来有机会咱们兄弟再聚。宋江说：好吧，贤弟。

住了十天后，孔太公带着孔明、孔亮把宋江和武松送出了孔家庄。第二天，宋江和武松走到一个叫瑞龙镇的地方。这个镇处在一个三岔路口，一条路通清风寨，一条路通二龙山。宋江说：咱们就此喝两杯酒，告别吧。武松说：哥哥我还想送你。宋江说：不须如此。自古道，送君千里，终有一别。兄弟，你只顾自己前程万里，早早到了彼处。入伙之后，少戒酒性。你看，宋江在提醒武松：你爱跟人打架，所以一定要管住酒性。

这让我们想起上一回菜园子张青告诫武松的一段话："凡事不可托大。酒要少吃，休要与人争闹，也做些出家人行径。"张青也知道武松脾气大、爱管闲事，喝点酒就跟人闹。通过宋江和张青的告诫，我们知道，真正人跟人交往的时候，不仅能看到对方的长处，还能看到对方的短处，不仅给予鼓励，还能给出提醒。

要知道，熟人和知己有一个重大区别：熟人是知道你的长处和短处的人，而知己是知道你的"长中短和短中长"的人。什么是"长中短"？就是优点背后的问题，什么是"短中长"？就是缺点背后的优点。只有知道了这两点，才算是真正的知己，否则只能算是熟人而已。

管鲍之交的故事

管仲年轻的时候，家里很穷，又要奉养母亲。鲍叔牙知道了，就找管仲一起投资做生意。因为管仲没有钱，所以本钱几乎都是鲍叔牙拿出来的。可当赚了钱以后，管仲拿的却比鲍叔牙还多。鲍叔牙的仆人看了就说："这个管仲真奇怪，本钱拿的比我们主人少，分钱的时候却拿的比我们主人还多！"鲍叔牙对仆人说："不可以这么说！管仲家里穷，又要奉养母亲，多拿一点没有关系。"有一次，管仲和鲍叔牙一起去打仗，每次进攻的时候，管仲都躲在最后，大家就说管仲是一个贪生怕死的人。鲍叔牙马上替管仲说话："你们误会管仲了，他不是怕死，他得留着命回去照顾老母亲啊！"后来，齐国的国王死掉了，鲍叔牙预感齐国一定会发生内乱，就带着公子小白逃到莒国，管仲则带着公子纠逃到鲁国。

不久之后，齐国真的发生了内乱。管仲想杀掉公子小白，让公子纠能顺利当上国君。可惜，管仲在暗算小白的时候，箭射偏了，射到小白的裤腰带上，小白没死。后来，鲍叔牙和小白先于管仲和纠回到齐国，小白当上了齐国的国君。小白当上国君以后，决定封鲍叔牙为宰相。鲍叔牙对小白说："管仲各方面都比我强，应该请他来当宰相才对！"小白说："管仲要杀我，他是我的仇人，你居然叫我请他来当宰相！"鲍叔牙说："这不能怪他，他是为了帮他的主人才这么做的！"小白听了鲍叔牙的话，请管仲回来当宰相，而管仲真的帮小白把齐国治理得非常好。

管仲说："我当初贫穷时，曾和鲍叔牙一起做生意，分钱财，自己多拿，鲍叔牙不认为我贪财，他知道我贫穷啊！我曾经替鲍叔牙办事，结果使他处境更难了，鲍叔牙不认为我愚蠢，他知道时运有利有不利。我曾经三次做官，三次被国君辞退，鲍叔牙不认为我没有才能，他知道我没有遇到机遇。我曾经三次作战，三次逃跑，鲍叔牙不认为我胆怯，他知道我家里有老母亲。公子纠失败了，召忽[①]为之而死，我却被囚受辱，鲍叔牙不认为我不懂得羞耻，他知道我不以小节为羞，而是以功名没有显露于天下为耻。生我的是父母，了解我的是鲍叔牙啊！"

鲍叔牙知道管仲的短中长，在这三个短处背后，能看到其长处，这才是真正的知己。鲍叔牙推荐管仲以后，自己甘愿做他的下属。鲍叔牙的子孙世世代代在齐国享受荣华富贵。天下的人不赞美管仲的才干，而赞美鲍叔牙了解人。后来，人们在称赞朋友之间有很好的友谊时，就称之为"管鲍之交"。

---

① 公子纠的师父。

同样，管仲也很了解鲍叔牙。

管仲操劳国事得了重病，齐桓公前去询问他："您的病很重，如果一旦病情危急，发生不幸，我将把国家托付给谁好呢？"管仲回答："以前我尽心竭力，还不能够知道这样一个人；现在得了重病，生死在于朝夕之间，我又怎么说得上来呢？"齐桓公说："这可是大事，希望您能给我指教。"管仲说："你想要任用谁为宰相呢？"桓公说："鲍叔牙可以吗？"管仲回答："不行。我很了解鲍叔牙。鲍叔牙的为人，清廉正直，对待不如自己的人，不愿和他们在一起。偶尔听到人家的过错，就终生不忘。非要选一个人的话，隰朋大概还可以吧。隰朋既能吸取先世的经验，又能不耻下问。他自愧不如圣贤，同情不如自己的人。他对于国家政治，有不去过问的事；他对于事物，有不去了解的方面；他对于人，有宽容忍让的时候。如果不得已的话，隰朋可以担任宰相。"

大家看看，管仲也很了解鲍叔牙，他知道鲍叔牙的长中短。鲍叔牙清正廉洁，明察秋毫，这是他的优点，但这个优点过度了以后，会影响对干部的使用，影响班子团结。

第二个特点：通过资源共享和风险共担，使弱关系变强关系

前面讲过孔家父子三人对宋江和武松热情款待。后来孔家有难时，英雄好汉在宋江、武松的带领下舍命相帮。

孔明、孔亮的叔叔叫孔宾，被青州知府陷害，身陷牢狱。毛头星孔明、独火星孔亮率人马来到城边准备攻城，救叔叔孔宾。呼延灼

便迎住厮杀，与孔明交战二十余合，把孔明活捉了去。接着，引军掩杀，活捉孔明士卒一百余人。孔亮大败，慌忙逃奔。正行之间，遇见了引军准备回二龙山的武松、鲁智深、杨志等人。孔亮把为营救叔叔，兄长被捉之事，告诉了他们。武松便向鲁智深、杨志说："我们以义气为重，聚集三山人马，攻打青州，杀了慕容知府，擒获呼延灼，夺取府库钱粮，以供山寨之用。"鲁智深响应道："我也这样想。"但杨志担心"青州城池坚固，人马强壮，又有呼延灼那厮英勇"，提出派人去梁山泊请宋江前来，齐力攻城。于是，他们一边同桃花山李忠、周通在青州城下聚集人马，准备攻城，一边派人去请宋江。宋江亲自引领二十个头领、三千人马，分五路来到青州城下。宋江见三山人马攻城三五次，各有输赢，便采用吴用的计策，引诱呼延灼追击，使他掉入陷阱，将他活捉；又用"招安报国论"说服呼延灼投降入伙。呼延灼听从吴用安排，假称"逃得性命回来"，骗开城门。宋江和三山人马杀进青州城，杀了慕容知府，"救出孔明，并他叔叔一家老小"，"把府库金帛，仓廒米粮，装载五六百车。又得了二百余匹好马，在青州城里做个庆喜筵席，请三山人马同归大寨"。这次三山聚义打青州，梁山泊又得了呼延灼、鲁智深、杨志、武松、施恩、曹正、张青、孙二娘、李忠、周通、孔明、孔亮十二位新头领。

说到这里，我们可以做个总结，梁山好汉聚义的过程就是由彼此不太熟悉的弱关系变成彼此认同的强关系的过程。在这个转变过程中，资源共享和风险共担是最重要的途径。根据专家的研究结论，强关系带来资源和信任。强关系是存在于亲密度高、接触频繁的个体之间的。强关系之间的个体更容易建立信任，有利于隐性信息、经验知识的传播。但是，由于强关系存在于特征相似的个体中，往往会导致信息的同质化。而弱关系会带来信息和机会。美国社会学家马克·格兰诺维特于1973年发表了著名的论文《弱关系的力量》，全面地分析了弱关系的意义和价值。由于弱关系存在于社会经济特征具有较大差异的个体中，因此有利于异质信息的传播。传统的中国社会是一个强关系的社会，中国人从古至今讲究礼尚往来、人情交换，即使通过弱关系获取了关键的信息，如果没有决策人物的支持，也无法获得机会。

在《弱关系的力量》中，格兰诺维特关注的是求职过程的起点——如何获得工作信息。格兰诺维特发现，由家人、好友构成的强关系在工作信息流动的过程中起到的作用很有限，反倒是那些长久没有来往的同学、前同事，或者只有数面之缘的人能够提供有用的求职线索。这种现象在《水浒传》里得到了印证。比如，晁盖和刘唐，武松和宋江，林冲和鲁智深，施恩、孙二娘和武松，这些人本来是不怎么熟悉的，初次接触的时候共享信息和机会，后来发展成强关系。

梁山好汉给我们提供了一个非常有趣的模式："生人报信，熟人下手，出了问题，自家兄弟一起扛！"生人就是弱关系，他来报信息、给机会。熟人下手，熟人就是强关系，一起合作。出了问题就是家人、亲人关系，生死一起扛。

第三个特点：以家人关系重新整理强关系，达到完全信赖

请大家注意一个有趣的细节——宋江是怎么介绍孔明、孔亮兄弟的。宋江说："此间便是白虎山，这庄便是孔太公庄上。恰才和兄弟相打的便是孔太公小儿子，因他性急，好与人厮闹，到处叫他做独火星孔亮。这个穿鹅黄袄子的便是孔太公大儿子，人都叫他做毛头星孔明。因他两个好习枪棒，却是我点拨他些个，以此叫我做师父。"以宋江的武功，居然是孔明、孔亮的师父，这太搞笑了。在梁山泊雪夜取大名府的时候，毛头星孔明是和梁山八彪将之一的急先锋索超对打的，他的功夫不差。而宋江肯定没有这个本事。为什么孔明、孔亮要

拜宋江为师呢？其实就是为了强化关系。大家注意，师父的"父"也是父亲的"父"，代表着特殊的家人一样的关系。

宋江特别善于经营这种家人式的关系。前边讲过，武松回老家看望哥哥武大郎时，宋江一路送别，感动得武松和宋江八拜结交。类似的还有，晁盖在劫生辰纲之前，七星聚义结为生死兄弟。历史上还有更著名的，《三国演义》里刘备与关羽、张飞刚一见面就桃园结义，结为生死兄弟。

这些举动都是中国古代典型的人际模式。在团队建设中，把弱关系变成强关系，再通过感情手段，把强关系变成超强的家人关系，达到不是亲人胜似亲人的目的，这样才能防范风险，与对方共图大事。

我们来分析一下，在家人之间的交往中，存在着一些明显不符合管理原则的非理性行为，恰恰是这些家庭关系中的非理性行为，对于团队认同感和凝聚力起到了重大作用。

一是向弱不向强，能者多劳。我们干工作肯定遵循多劳多得、不劳无获的原则，但是，家庭里不是这样，弱者得到的关心最多，小孩子什么都不做，但具有优先权。兄弟三人，哪个人最弱、最笨、能力最低，爸爸妈妈就最偏心那个人。

二是按需分配，而不是按劳分配。比如哥哥挣了五万元钱，弟弟要结婚。好，那就把这钱都转给弟弟。弟弟在家结婚，哥哥出门打工。

三是只讲感情深浅，不讲责、权、利。家人彼此资源开放，机遇共享；兄弟之间少算账，多分享；一人有事，八方支援。

这样的感情原则推动着传统的中国团队，同时也制约着传统的中国团队。其结果往往是，在团队创业初期，一片和谐，蒸蒸日上，但随着事业的发展、组织的进步，各个领域难免管理混乱，漏洞百出，成员之前的满意度也会逐渐下降。这些都需要大家深刻反思。我们的原则是十六个字：兴利除弊、扬长避短、古为今用、与时俱进。

三山聚义打青州之后，武松和孔明、孔亮都上了梁山，武松担任了步军统领，并且在宋江和卢俊义争一把手的过程中，坚定不移地站在了宋江一边，为宋江顺利就职发挥了重大作用。而孔明、孔亮也被任命为守护中军的头领。这个就比较玄妙了。守护中军的头领其实就类似办公室主任，是为宋江和卢俊义两位头领服务的。

为什么要选孔明、孔亮呢？一是二人是宋江的亲徒弟，情同父子，这份感情比较可靠。二是孔明、孔亮是晚辈，说也说得，训也训得，用起来比较顺手。三是孔明、孔亮年轻，资历浅，根基浅，跟其他人没什么关系，这样的人很适合做服务人员。

到这里为止，我们把和武松有关的内容都介绍完了。后来，武松参加了征方腊的战争，为包道乙暗算，失去一臂。武松单臂擒方腊，又续写了一段传奇。战争结束后，武松看破红尘，拒绝回汴京，在六和寺出家，被封为清忠祖师，最后享年八十岁，得以善终。

水泊梁山团队壮大有三次高潮：第一次是我们在第二部讲的闹江州、白龙庙英雄小聚义。第二次是三山聚义打青州。第三次就是著名的三打祝家庄。那么，三打祝家庄又是因谁而起，因何而起呢？梁山团队又吸纳了哪些英雄好汉呢？请看下集。

第十一讲
想要说服不容易

《水浒传》中最著名的打虎英雄非武松莫属,但除了武松,还有一些梁山好汉也曾有打虎壮举,比如两头蛇解珍和双尾蝎解宝。然而他们的打虎事件,非但没有给二人带来任何荣誉和掌声,反而将其送入了狱中,平白遭受了一场无妄之灾,这是怎么回事?

为了营救此二人,一场救援行动即将展开。而在谋划的过程中,兵马提辖孙立成了这次行动的关键人物。如何劝说他放弃朝廷官员的身份,加入这场风险十足的救援中来,是当务之急。那么这样高难度的说服工作,会落到谁的头上,他又将如何进行呢?而在我们的生活中,也往往离不开沟通与说服,通过救援行动组与孙立的这番语言较量,我们能够掌握哪些说服的技巧呢?

有些卖药的商人很有一套办法,他能让你相信他的药是最好的、最有效的。具体方法就是利用人们相信权威的心理,请一个人出来扮演老专家。这个人形象非常到位,言谈举止大气、头上有白发、脸上有皱纹、一张嘴就是专业术语,而且还有各种高大上的头衔,比如首席专家、家族传承人、秘方持有人等。经过这个人的一番忽悠，药品销量很快就上去了。

在现实生活中，这种含金量并不高的二流表演很有威力，因为人们特别容易相信权威。在劝说别人的时候，利用人们服从权威的心理，效果是最迅速、最明显的。但是，在很多情况下，你要劝说别人，而自己又不是权威，跟对方的关系是对等的，甚至有求于对方，需要对方的帮助，而且时间紧迫，没有很多沟通空间。在这种情况下，如何能让自己的劝说更有效呢？今天我们来谈谈这个话题。

《水浒传》有三个打老虎的经典故事。第一个是武松打虎。第二个是李逵打虎。第三个就是我们下面要讲的解珍、解宝打虎。

话说在山东的海边，有一个州郡，唤作登州。这里群山连绵，山里狼虫虎豹横行。这段时间，山里出现一个大老虎，大白天吃人。登州的府衙就把猎户集中在一起，限定三天期限捕捉老虎。捉不到屁股上要吃棒子，这叫"限棒"。众猎户各自签字画押，回去想办法打老虎。

在登州的猎户中，本领最高的是两个人，一人唤作两头蛇解珍，一人唤作双尾蝎解宝。这两个人自幼父母双亡，家境贫寒，并未娶妻，身高七尺多，各人手使一柄浑铁点钢叉，武艺高强。按照《水浒传》的描述，解珍生得紫棠色面皮，肩宽腰细；解宝生得面圆肤黑，大圆脸，浓眉大眼，腿上刺着两个飞天夜叉。而且解宝脾气火爆，发起脾气来腾天倒地，拔树摇山。

众猎户都觉得，如果他们打不得老虎，解珍、解宝一定能打得老虎，而解珍、解宝二人也整理器具准备上山打虎。

武松打虎靠的是拳头，作为猎户，解珍、解宝打虎是有专门的器具的。比如窝弓、药箭等，在药箭上还抹着专门的毒药，一旦药箭沾着皮肉一见血，老虎就动不了了。解珍、解宝还备了专门的行头，豹皮裤、虎皮袄，往身上一穿，带上干粮，就潜入登州连绵的山脉中。

解珍、解宝在老虎经常出没的地方放好窝弓，两个人爬到树上等。一连等了两天，也没有老虎的踪迹。官府的期限是三天，眼见就要到期限了，两人就有点心焦。第三天，等到夜幕降临，吃完干粮以后，解珍、解宝二人非常困倦，抱着树就睡着了。

到了后半夜两三点钟，隐隐约约听到有动静，两个人睁开眼睛一看，远远地看到有个黑影在地上打滚儿，原来老虎中药箭了。兄弟二人赶紧下树，拎起钢叉奔着老虎就扑过去。受伤的老虎一看有人来，带着药箭咆哮一声，翻身跳起来就跑，兄弟二人在后边追。追了大概有半里左右，由于运动加速了血液循环，老虎终于扛不住了，大吼一声，翻身就落到山下去了。

山下是大户毛太公家的后院，于是兄弟二人收拾东西，转过山前来敲毛太公家的大门。毛太公带着手下人开门来看，这时天还没亮，不晓得到底是什么事敲得这么急。

解珍上前施礼，说：伯伯您好，我二人在山上打老虎，老虎中了药箭，似乎是落入伯伯家的后院里了，我二人特来取虎。没有想到，贪婪的毛太公一听这话，就动了坏心思，想夺打虎的功劳。毛太公决定用这只虎到县里邀功请赏。

有心机的坏人都是有套路的。毛太公对解珍、解宝使用了四个招数。

第一招叫"拖"。就是拖时间。毛太公特别客气，说：二位贤侄，久有不见，今日登门，非常高兴，这大冷天的，早晨去打虎，先吃点热饭，我派手下人帮你去找虎。解珍、解宝还挺感动，吃完饭，喝完茶，眼见着太阳都要升起来了。

第二招是"骗"。毛太公笑呵呵地说：来，二位贤侄，我们到后园去看一看。

解珍、解宝跟着庄客，前前后后、上上下下、里里外外找了一圈，连个虎毛也没找到。毛太公笑吟吟地说：二位贤侄，莫不是天黑你们两个看花眼了？英雄自有英雄的过人之处，解珍、解宝有猎户的洞察力，解宝一下就看到了破绽。解宝跟解珍说：哥哥你来看，这个地上的草跟别处的不一样，都被压平了，仿佛有什么野兽在上面打了个滚儿。而且你再看，旁边的草上沾着血迹，仔细一闻，血还是新鲜的。这明摆着就是老虎，兄弟二人回头跟毛太公说：莫不是你家庄客给捡走了？毛太公发现骗不过去，这个老贼又启动了第三招。

第三招是"赖"。毛太公换了一副嘴脸，把眼睛一瞪，说：你兄弟二人休说这种话，我这么大岁数，陪着你们里里外外找老虎，饭也吃了，茶也喝了，你俩什么意思？说我家人偷你们的老虎？不带这么赖的啊。

一看毛太公这种态度，解珍、解宝有点生气。抡起钢叉，就打将起来。不过毛太公早有准备，庄客几百号人一拥而上。解珍、解宝发现占不到什么便宜，赶紧撤出了毛家庄，点着毛太公说：咱们官府见！

第四招是"害"。话说解珍、解宝刚走不远，就发现对面来了一群人，仔细一看，前面打头的是毛太公的儿子毛仲义。其实这帮人已经把死老虎拖到县里边邀功请赏了，请赏回来以后又带了几个公差，专门到庄上来抓解珍、解宝。

毛太公有个女婿唤作王正，在官府里面做六案孔目，正是一个审案的人。所以，毛太公就跟他儿子打通关系，使了钱财，打点上下，要害死解珍、解宝。

那我们说到这，就发现，毛太公这个人既阴险又贪婪。人的情绪中有一些负能量：贪、嗔、痴、慢、疑。"贪"排第一，贪心和贪婪是非常可怕的。由于贪婪，毛太公不光害别人，而且还葬送了自己的全家。

那请大家来想一个问题，人是生下来就贪婪的吗？那些贪官生下来就是贪官的底子吗？肯定不是。贪心是在成长过程中逐渐形成的。我们来分析一下人的成长过程。

人在小的时候是一个孩子，分不清自己和别人的边界，看到好的东西就想要，看到好的玩具就想玩，看到好的食物就想吃。他没有所有权的概念。需要老师、家长帮他划定边界，及时制止他的越界行为，甚至压抑他的要求。这时，孩子就会感到挫败，感到痛苦。在忍耐的过程中，会有焦虑，甚至歇斯底里。这一过程可以称为社会化。其实，很多小孩上幼儿园跟其他小朋友产生纠纷，或者哭着、喊着不上幼儿园，都跟这一社会化过程中的痛苦有关。真金就需要火炼，经过充分的社会化，人长大以后就会自律，就懂得边界，知道所有权，不会轻易侵犯别人。如果社会化不充分，长大以后就会管不住自己，想占有别人的好东西。

一个孩子在成长的过程中，社会化是特别重要的一件事，要让他多跟别的小朋友打交道，要让他融入集体当中去，学会跟别人互动、合作，同时学会让步、忍耐。老师和家长要给孩子立规矩，告诉他什么事能做，什么事不能做，什么东西不能拿，什么话不能说。这种社会化过程看起来是挺痛苦的，但对他将来的成长至关重要。

现在，很多家庭都走温和、平等的路线，孩子和家长平起平坐，坦诚沟通，这是好事。温和、平等有利于孩子的成长，但前提是一定得立规矩。如果不立规矩，不提要求，这种温和、平等恐怕就会成为放纵，孩子将来就可能会跑偏。《晋书》关于司马懿的传记中，谈到司马懿的父亲司马防如何管理八个儿子，就是善于立规矩。孩子们在他眼前，让坐就坐，不让坐谁都不敢坐。我给大家一个比喻：

一条大河如果在堤坝之内奔流，它就是资源；如果它冲垮了堤坝，流到外面来，那就是一场灾难。

六案孔目王正拿了毛太公的钱，就在官府中下了功夫。王正专门把解珍、解宝兄弟二人交给了凶神恶煞的牢头，此人叫包节级。包节级暗地收了毛太公的钱，跟王正承诺，说一定把不留活口。

包节级傲慢地坐在监狱当院的厅堂里，叫手下的小牢头把解珍、解宝押来。解珍、解宝被打得鼻青脸肿的，来到包节级眼前。包节级说：听说你们一个叫两头蛇，一个叫双尾蝎？今天在我手底下，两头蛇让你变一头蛇，双尾蝎让你变成单尾蝎，一个炖汤，一个油炸，看你们俩有什么好下场！两人就被推进了死牢。

解珍、解宝兄弟二人一语皆无。在牢房里边，正想前途和命运呢，牢门突然开了，进来一个小伙子，也穿着牢头的制服，长得眉清目秀，中等个头，面带微笑，自报姓名叫乐和。乐和介绍：我的姐姐嫁给了登州的兵马提辖病尉迟孙立，我是孙立的小舅子。这个孙立跟二位哥哥应该沾亲呐。解珍说：对，孙立是我们俩的姑舅哥哥。乐和说：那我就是你们俩姑舅哥哥的小舅子，我看到二位哥哥被陷害，心里不甘，但又没有办法，人微言轻，力量有限，我决定通风报信，聚拢一帮英雄给两位哥哥报仇，救两位哥哥出火坑。你们看到刚才那个包节级了吗？他收了钱，想要你们俩的命啊。咱们得想个办法。

解珍就说：孙提辖还有一个弟弟，号称小尉迟孙新，孙新娶了个老婆，是江湖上久负盛名的女中豪杰——母大虫顾大嫂。我们跟这位顾大嫂也沾亲，是我们本家的姐姐。别看是个女流之辈，一身好武艺，二三十个棒小伙子近不了她的身。孙新虽然一身武艺，言语稍有不慎，我姐姐就拿拳头教训他，你就给我这姐姐送个信，这事就齐了。乐和说：好。这边准备干肉烧饼，让两位英雄先吃饱饭，睡好觉。乐和换了身便装，悄悄地出了牢城营，奔着登州城门外十里牌这个地方来了。

乐和见到顾大嫂，把来龙去脉都跟顾大嫂说了。顾大嫂一听就急了，马上派人把小尉迟孙新叫了回来。

孙新给乐和拿了点散碎银子，让他上下打点一下，在里边做个内应。

送走乐和之后，孙新跟顾大嫂商量找帮手。孙新说：离咱们登州城不远有一座山，唤作登云山，登云山上有一帮好汉，打家劫舍，啸聚山林。里面打头的两个好汉跟我是好朋友，把他们请来这事就能成。

顾大嫂杀了一口猪，准备了一桌子菜，孙新骑快马请来两位好汉。天刚擦黑，顾大嫂就听院里有个大嗓门在喊：嫂子在家吗？顾大嫂撩帘一看，从外边进来两个英雄。

前面这一位中等个头，膀大腰圆，浓眉毛，大眼睛，大圆脸，唤作出林龙邹渊。邹渊这个人有一身好武艺，而且仗义疏财，性格豪爽。因为他武艺高，朋友多，所以心高气傲，喜欢争强好胜。邹渊后面跟着他的侄子邹润，外号独角龙。两个人还带了登云山的十几个好汉。

大家坐在一起商量。邹渊比较有经验，说：劫牢反狱好办，问题在于成功以后怎么办？顾大嫂说：你说怎么办？邹渊说：我早就听说，离咱们这不远，有一个好地方叫水泊梁山，不如救出你两个弟弟，就一起入伙梁山。顾大嫂这人爽快，说话透亮，把腰上的匕首一拍，说：兄弟，你说得好，救了人咱们就上梁山，谁不上我拿刀把他捅几个窟窿。

这时，独角龙邹润提了一个问题：万一把人救出来，官府来追怎么办？孙新说：我早想好了，我哥哥是登州兵马提辖病尉迟孙立，要名气有名气，要武艺有武艺，当兵的都服气他，我请他来断后，保准不留后患。邹润说：他万一不听怎么办？孙新跟老婆顾大嫂交换了一个眼色，说：自有妙计，你们等着吧。于是孙新和顾大嫂使用了一套特殊的劝人方法，把兵马提辖孙立劝上了梁山。

方法一：不但要有对错评价，还要有利害分析

孙新安排一个伙计说：你去提辖府找我哥哥，就说我老婆得重病了，让他赶紧来见面。这仆人问：有多重？孙新说：要多重有多重，快去！

说到这里，请大家注意日常生活的一个小技巧：家里人生病了，行动要谨慎，态度要夸张。行动谨慎是为了保证治疗效果，一定要仔细诊断，求请良医，吃药打针要严格把关，切莫道听途说，乱用药物。这叫行动谨慎。同时，态度夸张一些，这样做是为了安慰病人，让他感觉到家人的温暖和关爱。人得病了本来心情就不好，特别容易孤独失落。这个时候，家人要遵循小毛病、大动静的原则，仔细安排，认真询问，前呼后拥去医院。遇到这种事，千万不要一副轻描淡写、无所谓的样子，如果你大大咧咧地说："嗨，你这是小毛病，不吃药也能好，别大惊小怪的。要开药，你自己上医院一趟就行了，根本不用人陪。我比较忙，这点小事情就不去浪费时间啦！"你这样一说，双方感情就要出现危机了。人家知道自己的病是小毛病，但觉得你根本没有关爱，那心凉透了。所以，越是小毛病越考验感情，对老爸、老妈、老婆等非常亲近的人，一定要小毛病大动静，治疗要谨慎，态度应该适度夸张，这样家人才能感受到温暖与关爱。

孙立是个懂事理的人，一听说弟妹病重，当然要登门探望。

孙立善使一条长枪，绝活是枪里加鞭，一条虎眼竹节鞭用得出神入化，他的绰号是病尉迟。这里"病"是个动词，意思是尉迟恭见了

都要惧怕的人。

孙立带着手下人来了，结果进屋才发现屋里没人！这时，旁边那侧门一开，顾大嫂进来了。孙立说：弟妹啊，你不是得重病了吗？顾大嫂说，她确实害了重病，害的是救兄弟的病。接着就把解珍、解宝的遭遇跟孙立说了一遍。最后问孙立：哥哥，官场黑暗，兄弟命悬一线，你说怎么办？说得孙立沉吟半晌，一语皆无。一看孙立在这儿犹豫，顾大嫂说：我已经想好办法了。登云山来了一群好汉，我们就要劫牢反狱，救我两个兄弟，今天把你请来是想跟你商量，这事是有后果的，我们救完人走了，官府要追查。你是亲哥哥，必然要受牵连。到时候你因为我们受了连累，坐了大牢，连个送饭的人都没有。所以，建议哥哥一不做二不休，跟我们一起劫牢反狱上梁山算了。孙立犹豫道：如何一两句话就上山落草了？我一个好好的军官，怎么能反朝廷？

在这里，顾大嫂不讲毛太公有多坏，不讲那六案孔目王正有多阴险，她讲这事对孙立有什么坏处。顾大嫂对孙立不讲对错，先讲利害，让孙立明白，他没有其他的选择。不过孙立还是有点犹豫，于是，顾大嫂启动了第二个方法。

方法二：不仅讲明需求，还要亮明态度

顾大嫂"咔"地一下把尖刀亮了出来，说：哥哥，你要是不跟我们劫牢，就是我们的对手，今天你先把我宰了吧。说话间，邹渊、邹润也把刀亮了出来。这孙新一看要动刀，赶紧挡在两拨人之间，把乐大娘子吓得失声尖叫。这种劝人的方法是：在紧急情况下，光讲需求不行，还得亮出决心和态度。

刘备入川的时候，刘璋手下有一名官员王累为了劝说刘璋，头朝

下悬到城楼上，如果刘璋不听劝，随时准备割断绳子，这就是亮明态度的方法。见顾大嫂拔刀，孙立受到极大的震撼。这边顾大嫂把刀收了起来，跟乐大娘子说：嫂子，你别害怕，我安排人先送你回家。哥哥既然不愿意参加劫牢，我们就自己动手。孙立说：参加也可以，总得回家收拾家当行李吧。顾大嫂又亮了一张牌，说：有一件事你不知道，你小舅子已经加入我们的团伙了，通风报信的就是他，咱们可以这边劫牢，那边收拾行李，不耽误时间。于是孙立一跺脚说：罢！罢！罢！事已至此，我跟你们干就得了。

这就是顾大嫂劝人的方法：这边讲利害，这边亮钢刀，简单直接，把孙立说服了。不过，真正好的劝人方法还有第三个。

方法三：不仅要有大胆的想法，还得有谨慎的方案

做任何事，想法、目标上可以大胆一点，方案、流程上一定得小心谨慎。这叫阴阳平衡、大小结合。顾大嫂确实是女中豪杰，既有大目标，也把步骤想得很清楚。她跟孙立商量：你、我、孙新、邹渊、邹润，还有小舅子乐和，一共才六个人，根本劫不了登州城那个大牢，我们得组织一支强有力的部队才行，于是几人开始组建团队。

第一，孙立带来的十几个军汉，都是贴心的人，可以用。

第二，孙新家里边有七八个伙计很忠诚，可以用。

第三，邹渊、邹润从登云山还带来二十几个棒小伙子，也可以用。

团队组建完成，接下来，所有人潜入登州城。众人里应外合就把解珍、解宝救出来了。一众英雄好汉收拾好金银细软，抢了七八匹马，然后整顿队伍，浩浩荡荡来投水泊梁山。

此时，水泊梁山正在进行成立以来的第一次大规模战役，就是我们下一讲要讲的三打祝家庄。以前都是小打小闹、打家劫舍，这次是

一次正规作战。不过，祝家庄战役进行得特别不顺利，一波三折，起伏跌宕，损兵折将，无计可施。宋江正在着急之中，孙立、孙新、解珍、解宝这些人前来投靠，给宋江带来一个锦囊妙计，帮助他顺利地攻破了祝家庄。

那么这个妙计是什么？铜墙铁壁的祝家庄，又是怎样在顷刻之间被攻破的呢？请看下集。

第十二讲
小人物的大舞台

———

在职场中，并不是每一位员工，都能成为团队的核心骨干，鼓上蚤时迁就属于梁山上的底层员工。他武艺弱地位低，在上梁山前，干的还尽是些鸡鸣狗盗、飞檐走壁的勾当，所以一开始他并不被众人看好。然而他却没有得过且过、安于现状。他虽然胆小，却机智敏锐，他虽然卑微，却努力上进。在梁山发展与壮大的过程中，他用自己的独特才能，为团队立下了汗马功劳。最终从一个市井小贼，华丽转身，成为梁山好汉中不可或缺的一员。那么他是如何完成这场逆袭的？从他的职业生涯中，我们又能学习到哪些职场经验呢？

上一讲我们提到，三打祝家庄是水泊梁山成立以来遇到的第一次大规模的正规战役，而这个战役完全因为一个人而起，这个人就是鼓上蚤时迁。

经过是这样的。时迁和杨雄、石秀要上梁山，路过祝家庄大酒店，偷了人家的鸡，起了争执，时迁被活捉了，杨雄、石秀上梁山求救，于是梁山派兵三打祝家庄。所以三打祝家庄的故事，浓缩成一句话就是,"一只鸡引起的战争"。

不过,仔细分析可以看出,时迁是三打祝家庄的缘起,但他不是三打祝家庄的原因。就是这件事起因跟他有关联,但真正的原因和动机,并不是为了救时迁。梁山三打祝家庄,到底是为什么呢?宋江在后边有一段话,说得特别清楚,《水浒传》中宋江是这么说的,"一是与山寨报仇,不折了锐气;二乃免此小辈,被他耻辱;三则得许多粮食,以供山寨之用;四者就请李应上山入伙"。所以,三打祝家庄有三个简单的原因:一是为了威风和锐气,二是为了多得粮草,三是为了请英雄李应上山。整个计划当中,跟时迁半点关系都没有。

通过这件事,大家可以感受到,时迁从没上梁山那会儿开始,他在梁山好汉的眼中,就是一个不入流的角色,属于一个边缘人士,二等员工。

这里边的原因也特别简单,因为我们看一个人,在一个团队当中的地位和作用,只要看两件事就可以。

第一,能力具备不具备。水泊梁山的核心能力是什么?打家劫舍,劫富济贫,它的核心能力是"抢"。时迁呢?偷鸡摸狗、溜门撬锁,他的核心能力是"偷",而且他不会上阵杀敌,也不会抢。这叫核心能力不具备。

第二,价值观匹配不匹配。梁山的价值观是什么?梁山的价值观是敢作敢当,光明磊落。而时迁的行为模式是小偷小摸,占小便宜。所以,时迁在梁山英雄的眼中不是个好汉,就是个蠡贼,属于核心能力不具备,价值观不匹配。这种人最多就是混碗饭吃,是个二等员工。

不过,时迁有自己的套路,作为二等员工,他在梁山后续发展当中,做出了一系列的英雄行为。比如说时迁火烧翠云楼,时迁智盗雁翎甲,他都做出了重大贡献。梁山故事发展到后来,时迁居然成了核心英雄、骨干成员,他甚至比很多主要的好汉名气还要大,比很多重要的头领影响力还要大。所以我们总结时迁的职业生涯,就是一个二等公民、二等员工,在职场上通过努力,实现逆袭的故事,这种职场逆袭的故事,相信大家在电视剧中看过不少了。今天,我们来分析一下,时迁逆袭的故事给我们这些在职场上打拼的人带来怎样的启示。

要讲时迁,还要从他上山的缘起讲起。话说英雄杨雄、石秀在杀了潘巧云以后,要上梁山,路上巧遇时迁。时迁也想上梁山,动机不是做英雄,而是混碗饭吃。他想搭着杨雄、石秀这班车过过好日子。三个人商量好了,就离了蓟州地面,一路饥餐渴饮,晓行夜宿,非只一日,来到郓城。眼看天色已晚,兄弟三人一商量,咱们住店得了。那边店小二都上门板了,兄弟三人撞进店里来。

时迁自我介绍说:我们是远路的客人,今天一天走了一百多里。天色已晚,要住店。店小二说:可以住。时迁问店小二,可有些下酒的肉没有?店小二说:肉已经没有了,只有一些熟菜,你们就凑合一下吧。

杨雄、石秀就着素菜喝酒,越喝越没滋味,越喝越寡淡。正在这时,外面的时迁说话了:二位哥哥,你们可要吃肉吗?石秀问:肉在哪里?时迁从外边,端进来一个热气腾腾的盘子,里面有一只肥美的公鸡,已经炖得酥烂了。杨雄问:这鸡哪儿来的?时迁说:我去后院上厕所,溪水边有个鸡笼子,里面蹲着一只大公鸡。我看咱也没有肉吃,就把这公鸡杀了,收拾干净,用清澈的山泉水给炖了。石秀说:哎呀,你这是贼性不改啊!杨雄说:你看你个毛手毛脚的小蟊贼的样子。说完之后,三个人哈哈大笑,坐到桌上开始吃鸡。

那边店小二就觉得有点不太对劲,因为看这三个人,总觉得气色有点不太正常,所以店小二是有警觉性的,他知道防火防盗防梁山啊。他半夜起来巡查,就发现鸡笼子打开了,鸡不见了。灶下看见满地的鸡毛,有一摊鸡血,锅里面有半锅肥汤,这味儿还挺好闻。店小二发现，有人偷了自家的报晓鸡。一路嚷嚷着冲进屋里。再一看这三个人吃得正美，满嘴流油，地上还有鸡骨头。

店小二纵身就跳到院里，大喊一声，有贼！店里面立刻冒出来好几个彪形大汉，光着膀子，露着横肉就扑上来了。不过这几个人根本不是杨雄、石秀的对手，三下五除二就都被打翻在地了。时迁也没闲着，他武功一般，打不了这些大汉，但他能打店小二。时迁抡圆了给店小二一个嘴巴，店小二转身跑了。杨雄、石秀哈哈大笑，兄弟三人坐定了，继续吃鸡。然后杨雄就说：估计他去叫人了，吃完了咱们赶紧走。

三个人都吃饱了，收拾包裹出了门，走了大概有半个多小时，眼见着就被一群手拿火把的人给围住了，四面八方，有百八十号庄客，各拿刀枪棍棒。三个人且战且走，眼见着天渐渐亮了，将要突出重围的时候，突然之间，草丛里伸出一个挠钩，一下就搭住了中间的时迁，一个跟头拽到地上，三下五除二就拽到草丛里面去了。这石秀回头要救时迁，眼见着两个挠钩奔石秀就来了。还是杨雄眼尖，拿刀一隔，把这挠钩给绷开了。眼见这里不可久留，也顾不上救时迁了，杨雄、石秀二人撒开腿就离开了祝家庄。这就是时迁偷鸡的全过程。

时迁的轻功在大宋朝是一绝，他也是有绝活的人。而且时迁对水泊梁山也很忠诚，在几次重大战役中都有贡献。对这么一个有本领、有忠诚、有贡献的人，梁山是怎么排位的呢？到后来水泊梁山对时迁的排位非常靠后，倒数第二名。白日鼠白胜、鼓上蚤时迁、金毛犬段景住，三个小蟊贼排到梁山好汉的后三位。

梁山对时迁的排位靠后，不过并没有冷落时迁，关键时刻是给他机会的，让他担当重任。另外，也给了他丰厚的待遇，时迁的个人收入比那关胜只多不少，这个策略叫"厚而不尊"。什么叫厚而不尊呢？就是待遇丰厚但地位不高，这就是梁山制度高明。像时迁这种人属于

"另类的非主流",如果这种人的地位太高,对主流人士是一种强烈的打击。

一些另类的非主流,贡献再大,也只能给其丰厚的待遇,而不能捧得太高。水泊梁山这"厚而不尊"的策略是值得我们思考的。

梁山把时迁安排得很妥当,待遇给得很丰厚,让他管酒店,你不是爱占小便宜,管吃管喝吗,酒店里面有的是便宜,有的是吃喝。于是我们就发现:

> 一个团队的业绩,取决于它如何对待成员的优点和长处,而一个团队的凝聚力,取决于它如何对待成员的缺点和不足。

我们看到很多团队资源特别多,业绩特别好,把每个成员的优点都发挥得很充分,但是缺乏足够的包容、合理的安排,对缺点和不足过分地关注、过分地挑剔,导致一个优秀的团队,只有业绩,没有凝聚力,很可能会在前进的过程中土崩瓦解。好的管理,是能正确对待员工优缺点的管理。

梁山团队在对待时迁所用的这个厚而不尊的策略,是值得我们学习的。但要从时迁个人角度说,这件事就比较尴尬了。作为大宋朝的轻功第一人,有那么多贡献,又那么忠诚,在一个团队里,就是个倒数第二名,时迁能甘心吗?他当然不甘心。时迁决定,用自己的特殊能力和特殊贡献实现逆袭。二等员工要有一流表现,我要成为不是骨干胜似骨干的核心人士。

今天我们看《水浒传》的故事,相信很多英雄的名字和绰号,大家可能都不知道,比如说青眼虎李云、九尾龟陶宗旺、毛头星孔明、独火星孔亮、菜园子张青、操刀鬼曹正,这些小人物很多人都不熟悉。但是要谈鼓上蚤时迁，大家基本都知道。也就是说，时迁的逆袭成功了，他确实用了一些有效的策略。今天我们总结一下时迁身上的三个实现职场逆袭，从二等公民变成一等骨干的策略，这些策略也是值得我们现代人借鉴的。

策略一：通过展示稀缺性提高自己的重要性

时迁上山以后，遇到了一个比较尴尬的事情，就是梁山派他到山前，主管一个酒店，你看，有吃有喝，有小便宜，挺好的，平时做做接待，还能结交点朋友。不过时迁刚接管这个酒店，朝廷就派来了人马。派双鞭呼延灼带着铁甲连环马，来横扫梁山，朝廷的马队来了做的第一件事，就是把时迁的酒店给荡平了。时迁成了没有根据地的无业游民。铁甲连环马的到来，给水泊梁山带来了巨大的挑战，就是没有人会破连环马，梁山泊损兵折将，伤亡累累，死了很多人。从宋江到吴用都一筹莫展，不知道怎么办。这时出来一个小英雄金钱豹子汤隆，汤隆提供了一个人，这个人名字叫徐宁，号称金枪手，祖传一套好枪法。说他善使一种特殊的枪，叫钩镰枪，专门能破铁甲连环马。可是徐宁远在东京汴梁，他怎么能上梁山呢？徐宁家有一套特殊的宝甲，叫作雁翎宝甲，擅避水火刀枪。这套宝甲穿到身上，跟防弹背心一样刀枪不入。大宋朝唯一的一套防弹背心，在徐宁他们家。用现在小孩的话说，这哥们儿可能是特种兵，穿越过去的。

所以汤隆建议，我们把这套雁翎甲盗上梁山，就能把徐宁拽上梁山，谁能完成这个任务？梁山好汉都犹豫了。关键时刻，二等公民、二等员工时迁挺身而出，说军师哥哥，我来。这一段叫"时迁盗甲"。时迁在盗甲过程中，展示出了独特的才能，独一无二的本领。通过这次盗甲，他在梁山上的名声大振，地位大大提高了，这个策略就称为展示稀缺性，增加自己的重要性。物以稀为贵，人以缺为宝。稀缺的才是重要的，越是独一无二的别人越重视，你身上如果没有什么独一无二的东西，那么你就会被人群淹没。一个人在职场当中，他的成功之路基本上就是增加稀缺性、展示稀缺性的过程。

我给大家补充一个故事，告诉大家独一无二的稀缺性能带来怎样的价值提升。

商人和古董的故事

有一个商人，收了一件古董，很值钱。不过他听说有一个同行也收了一件古董，这古董有两件存世，它并不稀缺。于是这个商人就下狠心，花高价，把那件古董从同行手里买回来了。拿到两件古董后，商人做了一件特别疯狂的事情，当众把另一件古董给砸碎了。大家都觉得花那么多钱买回来，又砸碎了，是不是傻？他非但不傻，还相当聪明。当另一件可以替代的古董消失了，商人原来的这件古董一下子价值大涨，更加值钱了。

这就是一个通过增加稀缺性提升价值的例子。所以大家看《西游记》，孙悟空哪个妖精都可以饶，只有一个妖精他绝不能饶，这个妖精是谁呢？就是六耳猕猴。为什么呢？因为这个猴子跟孙悟空长得一样，本领一样，哪儿都一样，它的存在降低了孙悟空的稀缺性，它的存在意味着美猴王不是独一无二的，六耳猕猴的存在，给孙悟空带来危机，并降低了孙悟空的价值。这就叫增加稀缺性，才能提升重要性。

时迁就决定用这种方式，向大家展示了独一无二的技能，即使我是倒数第二名，梁山里面也有我重要的位置。所以时迁单枪匹马潜入东京汴梁，要去盗徐宁家的雁翎宝甲。时迁盗甲共分七步，我们来分析分析,时迁是怎么做到的。

第一步,踩点。

徐宁是个名人,东京汴梁很多人都知道,金枪班的大英雄金枪手徐宁,善使钩镰枪,时迁一打听就打听到了。这时迁回到了酒店,收拾东西,准备做第二件事。

第二步,埋伏。

踩好点了,轻车熟路,到了金枪手徐宁他们家旁边。时迁的潜伏工作开始了,得等机会啊。《水浒传》里说,初更过了就到了二更天。古人把一个晚上分为五更,我们有一个说法,半夜三更,三更天是什么时间呢?十一点到一点,所以叫半夜三更,说半夜三更你唱什么歌啊?这叫夜半歌声,半夜十二点唱歌。起五更、爬半夜,这五更是三点到五点,这个诗上说,三更灯火五更鸡,正是男儿励志时。黑发不知勤学早,白首方悔读书迟。什么叫三更灯火?半夜十二点了还点着灯学习呢。什么叫五更鸡?早上五点钟鸡一叫,起来又学习了。真正的磨炼就是在这个过程中成就的,这是古人的时间概念。

所以,二更天基本上是九点到十一点之间,也就是咱们经常说的晚间新闻时间,十点十分左右。这个二更天的更鼓打起来,时迁发现,大街上已经没人了,天已经黑透了。院里边亮着几盏灯,没灯的地方已经看不清人了。大家记住,贼怕灯火,贼最讨厌的第一个是灯火,第二个是汪汪叫的大黄。所以你看,很多大院为了防贼,边边角角都有灯火,院里再养两条狗,即使没人贼也不来,贼一怕灯火,二怕犬吠。时迁眯着眼睛先找,有没有狗。仔细看,没狗,确定了。于是翻墙而入,时迁开始做第三件事。

第三步,潜入。

时迁那身手,轻如狸猫,快似猿猴,翻墙而入,弯着身子,贴着墙边,顺着黑影就到了厨房边。然后呢,从厨房攀着柱子就往楼上去,一看发现,上面里屋里边,金枪手徐宁和娘子正在闲谈,夫人怀里还抱着一个六七岁的小孩。哎,时迁心里有底了。有什么底了?家里有小孩的人家,必然睡得比较早。这要是俩年轻的学生,谈恋爱,没孩子也没家庭负担,不晚上玩儿游戏玩儿到两三点啊?但是徐宁成家立业了,有孩子了,小孩六七岁,他不可能熬到半夜十二点,一会儿就得睡。

过一会儿夫人带着孩子睡了,徐宁也睡了,这俩丫鬟打了地铺也睡了。万籁俱寂,安安静静的夜晚,只有时迁大瞪着眼睛等着机会。

时间一点一点流逝,过一会儿就已经到了四更天,这丫鬟等着伺候人,所以心里边不踏实,醒得比较早。这梅香腾一下就坐起来了,捅捅旁边小丫鬟,该给主人做早饭了。这时迁抬眼望去,这个厨房的桌子上点着一盏灯。贼恨灯火啊,点着盏灯就不好动手脚。所以这就要进行第四步了。

第四步,吹灯。

时迁拿出一个随身的小工具,一根芦苇管,很长,从窗棂缝伸进去,对着灯,一股气吹过去,又稳又准,啪一下,把灯就给吹灭了。各位别小瞧这事,这是一种功夫,大家可以练一练。让你隔着那么远去吹一个灯,你要真能把它吹灭,说明你有内力,最起码腹肌得不错才行。时迁他的功夫很绝,一下把灯给吹灭了。这小丫鬟睁眼睛才发现,哎哟,半夜灯灭了,赶紧起床开门、点灯,没有灯是黑的。时迁趁着夜色,从门后的黑影里面吱溜一下,钻到屋里面去了,然后就藏在厨房桌子底下。你看他从外面就进来了。

那边小丫鬟开始忙里忙外,汤汤水水准备早点。过去的人穿衣服穿得累赘,另一个小丫鬟伺候徐宁穿衣服,大娘子还得哄孩子,楼底下那些仆人和随从,已经准备车马了,整个家庭里面一派喧闹。时迁在桌子底下,安安静静地等着。你们折腾吧,你们都走了我好动手。

过一会儿，早点吃完了，楼下的随从也吃完早点了，徐宁下楼，丫鬟送人，娘子告别，孩子睡着，小丫鬟也躺地铺上，继续地睡觉了。

但可恨的是什么呢？桌子上的灯又亮了，又点着了。时迁再次拿出小工具芦苇管，一口把灯又给吹灭了。吹灭了之后，整个楼上一片漆黑。时迁现在开始要进行第五个步骤了。

第五步，盗甲。

沿着柱子，"嗖嗖嗖"爬到楼上，顺着梁，时迁像个小老鼠一样，非常灵活，在柱子上横着就爬到宝甲盒子旁边去了。拍了拍，里边沉甸甸的，大牛皮盒子，里面装着雁翎宝甲。时迁一只手托着底，另一只手开始轻轻地解绳。

时迁三下两下就把绳子解开了，这套甲就抱到手里面了，抱着这套甲时迁心里开心，东西终于拿到了，大宋朝唯一的一件防弹背心，现在在我手里边，将来梁山第一功就是我的。

不过，意外发生了，大家注意，做大事的时候，你得有风险意识，再顺畅的流程，再高明的设计，也阻挡不住意外的发生。这时意外发生了，发生什么？大娘子醒了。大娘子迷迷糊糊醒了，醒了发现屋里的灯又灭了。灭一次是偶然，灭两次就不是偶然了，哪有这么巧的事？再听房梁上有窸窸窣窣的声音，大娘子就说，梅香啊，房梁上怎么有声音？时迁这一身冷汗腾一下就出来了。不过，时迁有办法。

第六步，口技。

时迁还会口技。时迁听了大娘子说房梁上有声音，赶紧学老鼠叫。这丫鬟就是一个干活的，早晨三点多起来，半夜十一点不让睡，偏偏房梁上响一下，主人还要问是怎么回事，所以梅香有点烦。她说：夫人啊，不会有什么事，肯定是老鼠打架。一听丫鬟说老鼠打架，时迁灵机一动，立刻有了好主意，他不光会学一只老鼠，还会学一群老鼠打打闹闹，有大老鼠、小老鼠、半大老鼠。他能把老鼠打架模仿得惟妙惟肖。丫鬟说您看夫人，真的在打架。夫人说，好吧，那别理它，继续睡吧。于是主仆二人又沉沉睡去。

房间里面恢复了平静，时迁把这宝甲盒子拴到身上，然后轻手轻脚从楼上顺着柱子滑下来，借着黑夜的掩护，原路返回，离开徐府。不过，时迁在离开前还做了最精彩的第七件事。

第七步，引诱。

请问大家盗甲为什么？不为了得这雁翎甲，而是为了引诱徐宁上梁山。那你说如果徐宁不来怎么办？时迁必须想办法把徐宁诱出来。时迁的办法很绝，他特意留下一些痕迹，让徐宁的家人发现雁翎甲丢了。所以时迁在离开徐府时，地上留了脚印，所有的门都被他打开了。早晨小丫鬟醒了才发现，里屋外屋的门都大敞四开的，地上还有脚印，这真的是进了贼了！立刻报告徐宁。徐宁回来一看房梁上，大皮匣子没有了。徐宁差点没急昏过去。所以宝甲被盗这件事，徐宁在第一时间就知道了。

在石迁的引诱之下，徐宁顾不上休息，顾不上喝水，咬牙切齿，心急火燎，一路猛追，而石迁故意走走停停，放慢速度，这样，徐宁只用了小半天的时间就追上了石迁。

见徐宁追上来，石迁不慌不忙打开箱子，然后告诉徐宁，宝甲早已经被别的兄弟带上梁山了，要想追回宝贝，你就得跟我走，我知道宝甲在哪，你别伤害我，咱们一起上梁山，我帮你把宝贝要回来。徐宁无奈，只得答应，就这样，石迁连蒙带骗地把徐宁带到梁山脚下的黑店。然后哄他喝下一杯蒙汗药酒，轻而易举就放倒了金枪手徐宁，接着把他抬上一条小船，轻轻松松送上了梁山。

通过盗甲事件，时迁成功地给梁山众人展示了自己独一无二的才能，也让领导对他刮目相看，他在团队里的重要性与日俱增。他用事实证明了，小员工也可以发挥大作用。然而要想在职场上站稳脚跟，光靠展示自己的能力还不行，时迁接着使用了第二个策略。

策略二：无法成为团队的核心就争取成为关注的中心

水泊梁山的管理团队的核心层都有谁呢？当时托塔天王晁盖还在，另外还有及时雨宋江，再加上智多星吴用，再往后排是后来上山的河北玉麒麟卢俊义、入云龙公孙胜、大刀关胜，如果还要排的话，勉强再排一个豹子头林冲。这些人是真正的领导核心。

时迁根本不可能进入核心层。不过时迁想好了，我不是进不了核心层吗？我可以成为关注的中心啊。当时，水泊梁山要救卢俊义，要打大名府。这个故事就叫时迁火烧翠云楼。

在这个过程当中，吴用提出了一个说法，吴用说，我们分成两支部队，一支部队潜入城内，一支部队守在城外，城内是步军，城外是马军，我们利用元宵节，大名府过灯节放花灯这个机会，里应外合，大破大名府，救出卢员外，还有可能活捉梁中书。在吴用的计划中有个关键点，就是需要有一个人登上高处放起一把火，发出统一的行动信号，才能里应外合，令战役成功。吴用问：哪位兄弟愿意去放火？人群当中又一次走出了鼓上蚤时迁，时迁说：我年幼的时候去过大名府，大名府里有一座高楼，唤作翠云楼，木质结构，百十个房间，又处在城市的中心，我去翠云楼上放一把火，火起来的时候，大家收到信号，就可以里应外合，统一行动了。时迁的观点就是，我来当这个中心，我熟悉情况，我不怕危险，我来完成这个挑战性任务。正所谓欲烧千里火，要上翠云楼。

所以，尽管时迁是倒数第二名，但是他再一次占据了关注的中心位置。这个策略就叫不能成为团队的核心，可以争取成为关注的中心。只要占据中心，就可以做到不是骨干胜似骨干。核心是选出来的，中心是干出来的，这点值得我们这些职场人士去思考、去借鉴。时迁的第三个策略特别值得关注。

策略三：不能担当核心任务就要参与核心流程

你看时迁这个人，不能冲锋陷阵，不能骑马打仗，很多核心任务他担当不了。不过时迁却积极参与了梁山的若干个核心流程。

比如说在三打祝家庄之后，梁山碰到一个挑战性的战役，就是大破曾头市，晁盖在初战当中中箭身亡。宋江带着大部队二打曾头市，一开始是很有胜势的，杀了曾涂、杀了曾密，曾头市就来讲和。梁山派出一个谈判团队，要跟曾头市讲和，其实这个团队就是来卧底的。时迁主动参与了这项危险的任务。

在卧底曾头市的过程当中，时迁准确地给核心领导班子，提供了曾头市的兵力部署和配置图。另外在大破曾头市的战役开始的时候，时迁在法华寺里边，敲钟为号，打响了第一枪，他再一次成为这个战役核心和焦点。所以你看他没有担当核心业务，但是他给核心流程做贡献了，而且贡献很大。

从时迁身上，我想起了演艺圈里常见的一句话：人生如戏，没有小角色，只有小演员。大家不要在自己的生活中，总抱怨自己是打酱油的，是辅助角色，是配角，人生当中没有配角，人人都是自己这场戏的主角，关键在于你怎么演。即使我们是边缘角色，是辅助功能，我们只要尽心尽力了，做出了贡献，发挥了自己的作用，也一样可以成就一番精彩。

不过，说到这儿为止，我们讲的一些故事，都是在时迁上山以后发生的，那在三打祝家庄之前呢？时迁依旧被囚禁在祝家庄地牢里，梁山不破祝家庄，时迁就没有出头之日。

梁山三打祝家庄的过程可以说是损兵折将，几起几落，柳暗花明。最后，凭借军师吴用的一条锦囊妙计才终于反败为胜，打败强敌，攻破了祝家庄。

那么在三打祝家庄的过程当中，又上演了哪些精彩的故事，吴用到底有什么锦囊妙计呢？请看下集。

第十三讲
新官上任莫急躁

———

俗话说"新官上任三把火",每一位新上任的领导,开始总是干劲十足,希望能够做出一番业绩给众人看看,殊不知这把火要是没烧好,很容易伤着自己、伤着团队。《水浒传》中记载的三打祝家庄这一段情节,正是发生在宋江新上任之际。这是他第一次指挥大规模作战,也是满腔热血,一心想要将祝家庄打下来,扬自己的威风、立梁山的旗号。可是事情的发展,却没有他想象得那么顺利,在作战的过程中,究竟出现了哪些状况?宋江在指挥作战时,又陷入了哪些管理的误区呢?在我们的职场中,领导的选择和决定,几乎就决定着整个团队发展的方向,作为新上任的管理者,究竟要注意些什么呢?

北宋的神宗皇帝向苏东坡咨询治国策略。神宗皇帝年富力强、锐意进取。苏东坡很冷静地对神宗皇帝说:"陛下天纵文武,不患不明,不患不勤,不患不断。"意思就是说,您天赋很好,能文能武,所以第一不用担心没有智慧,第二不用担心做事情不勤勉,第三不用担心缺乏果断。"那要担心什么呢?"神宗皇帝问。苏东坡接着说:"但患求

第十三讲 新官上任莫急躁

治太急,听言太广,进人太锐。"这三点提得太透彻了!我觉得苏东坡的这三点其实是给每个刚刚上任的领导的提醒,特别是一些年轻干部,必须认真思考这三个问题。新领导上任之后最容易出的问题就是急躁冒进,做事情急于求成。急躁生烦恼,烦恼生愤怒,情绪一旦波动,言语就会过火,看人就会失察,动作就会变形。今天我们就来谈谈梁山团队里新领导上任以后急躁冒进的问题。

我们要聊一聊水泊梁山的新领导宋江,在指挥第一次大规模的正规战役,三打祝家庄的过程当中,宋江由于急躁冒进产生了哪些问题?

杨雄、石秀上山带来消息,祝家庄要跟梁山为敌,又听说祝家庄广有钱粮,梁山正是经济危机的时候,打了祝家庄,一有威风,二有钱粮,三招英雄,何乐而不为?所以宋江点齐人马,要下山攻打祝家庄。

在此之前,宋江并没有指挥过正规的战役,宋江对于战斗的理解,就是打家劫舍,洗荡村坊,我们马军在前,步军在后,敲锣打鼓,四处放火,杀几个老百姓,这帮人大呼小叫一逃跑,我们战斗就胜利了。所以宋江指挥战斗并不是将军思维。在这个时候他还是山贼思维。

说到这儿,我们就要提醒大家:领导有多高,队伍就有多高,领导有多快,队伍就有多快。大家看《西游记》,孙悟空一个跟头十万八千里,八戒、沙僧、白龙马都能腾云驾雾。但是团队的速度等于孙悟空的速度吗?等于白龙马的速度吗?不等于,等于大家的平均速度吗?也不等于,团队的速度等于谁的速度?等于唐三奘的速度。所以领导提升、领导进步、领导加强学习,才是我们事业成功的关键。如果领导理念上有漏洞,技能上有欠缺,那团队的进步就会受到制约和影响。咱老百姓讲叫"火车跑得快,全靠车头带,车头没有油,火车不如牛"。我特别喜欢拿破仑的一句话:一头雄狮带领的一群绵羊,可以打败一只绵羊带领的一群雄狮。所以说领导的速度和水平才是成功的关键。

三打祝家庄战役开始的时候，宋江的理念、境界、能力和水平还没有达到足够的高度，他还没办法调动梁山的马步军兵，取得城市攻坚战的胜利。这时候，他还停留在好汉聚义、打家劫舍的阶段。所以宋江以为，马军六百多，步军六千多，后边运粮草的还有两三千人，合在一起一万多马步军兵，祝家庄不就是个庄吗？这些人一走一过就能荡平了，但这只是宋江的如意算盘。

大队人马从水泊梁山浩浩荡荡就奔向祝家庄，远远地望见巍峨的高山，独龙冈正在眼前。梁山人马离祝家庄两里扎住营盘，宋江在中军大帐当中擂鼓聚将，这感觉很好啊，居中调度，指点江山，激扬文字，这种感觉是非常棒的。宋江终于体会到，作为一个统帅内心的成就感。

宋江对拼命三郎石秀说：你已经来过一次了，稍微熟悉情况，我派你和锦豹子杨林一起进祝家庄刺探情报怎么样？在这个时刻，石秀说了一句特别有深意的话："如今哥哥许多人马到这里，他庄上如何不防备？我们扮做甚么样人入去好？"各位仔细想想，这话里有话啊。石秀想告诉宋江，哥哥，你动手晚了，一万多大军喧嚣在此，人家早有防备，还怎么刺探情报？咱们大部队来之前，你让我跟杨林化装成老百姓潜进去，悄无声息地刺探情报才是正确的选择啊。所以石秀这句话，既包含着对事情的担忧，也隐含着对宋江的抱怨。

不过宋江自有铁杆，什么叫铁杆？锦豹子杨林就是铁杆，他挺身而出说：哥哥，我愿意去，我有办法。以前我学过算卦，我穿上那八卦仙衣，手里摇一法铃，衣中藏着暗器，就可进了祝家庄。一看杨林表态了，石秀也跟着说：我以前是卖柴的，我找一担柴，把利刃藏到柴中，也能进祝家庄。真的动起手来，扁担也是个好武器。宋江点点头说：二位贤弟抓紧时间动身。于是就派了杨林和石秀入了祝家庄。

宋江在中军大帐当中等待二人的好消息。那真是左等不来，右等也不来。从上午到中午，从中午到下午。宋江心中有点急躁，叫摩云金翅欧鹏带几个马军到祝家庄村口看一看。欧鹏铁盔铁甲，翻身上马，擎了长枪，带着几个马军，一下跑到了祝家庄的村口。远远就看到人家刀枪林立，弓上弦，刀出鞘，已经都防备好了。听到里面还大喊：抓贼啊，抓梁山贼人。欧鹏没敢往前去，拨马就回来了，向宋江汇报。说头领啊，出事了，祝家庄早有防备，听村里那个喧嚣的动静，咱们的细作杨林跟石秀，可能已被活捉了。

一听到这话，宋江大怒，这还没打仗呢，先伤大将，眼见着天要黑了，风高放火，月黑杀人，天黑了正是咱们动手的好时候。宋江说：诸位兄弟，趁着天黑我们杀进祝家庄，一方面救自己的兄弟，一方面荡平这个村庄，给咱们梁山扬名立万。大家说怎么样？众兄弟异口同声说：全凭哥哥安排，我等愿效犬马之劳。宋江便开始排兵布阵。

大队人马发出一声喊，就集体冲向了祝家庄。大家可以想象这个场面，很热闹，动静很大。但神奇的是，就仿佛大锤砸棉花一样，梁山这边动静很大，整个祝家庄一片漆黑，连一点灯火也没有。只是远远望去，庄上有一盏孤零零的红灯，就仿佛一个死庄一样。大家都很纳闷儿，祝家庄没人了吗？都跑光了吗？

宋江突然脑子中就闪过了一个想法，可能是中埋伏了。宋江在马上一拍自己脑门儿，是我的不是了。宋江开始反省了。这临敌不可急暴。急躁的急，暴怒的暴。所以宋江立刻指挥部队，后队变前队，前队变后队，李逵做后合，李俊做先锋，往回撤。

正说要撤呢，突然之间惊天动地一声炮响，紧跟着，周围就闪出了无数的火把。祝家庄上弓箭、弩箭像急风暴雨一样，奔着梁山的队伍就射过来了。毫无防备的马军和步兵，一下子被射倒了一大片，整个部队就乱了阵脚。宋江在马上大吼，三军莫乱，全军撤。

宋江在马上，感觉着这情况越来越危急。正在想办法的时候，突然发现一个问题，什么问题呢？眼前怎么又到了祝家庄正门？刚才不是从这儿走的吗？手下的亲兵说，头领啊，苦也！他家的路是盘陀路，走半天又回来了。

这下宋江可傻眼了，宋江在马上大叫一声：天丧我也！

说到这儿，大家会发现，一打祝家庄由于宋江的急躁和冒进，这万把人一下陷入了全军覆没的绝境当中。根本的问题有两个：

第一个，宋江新官上任，缺乏指挥大战役的经验；

第二个，宋江急于求成，想迅速地建立功劳。

如果再找一个原因呢？还有一个起到了推波助澜作用的附加原因，就是宋江因为锦豹子杨林被活捉，他有点急躁和生气。

咱们传统文化中有两个关于情绪管理的原则，"喜不许物，怒不断事"。

第一条是喜不许物。当你特别高兴的时候，你不能给别人许诺金钱和物品。为什么呢？因为你特高兴的时候，你没有成本意识。这一高兴了，许天、许地、许金、许银，要把这些都许出去。第二天早晨头脑清醒了，你兑现不兑现？兑现了，自己心疼！不兑现影响关系，若言而无信还会败坏了名声。所以，特别高兴的时候不要随便给别人许愿，往往这种许愿，都会变成特后悔的事。

第二条是怒不断事。当人特别愤怒的时候，理性是不起作用的，分析能力、判断能力、决断能力、选择能力，都处于一个极低的水平。这个时候要做决断，就会做特别错误的决断。真正做大事的人，不是不生气，而是在生气的时候不做判断。

宋江今天就犯了第二条原则，特别生气的时候，下决心趁天黑攻打祝家庄。那边什么情况，一点都不了解。这一万多人一下子就陷入了绝境当中。

中国还有一句古话，"每临大事有静气"。就是真正做大事的时候，我们一定要管好自己的情绪，要让情绪平稳，不急不躁，不温不火，不高不低，有了这种状态，你才能够执掌大局。当然了，谁都会情绪波动，真的有怒火的时候，我们应该怎么制住自己的怒火呢？我给大家提供两个经典的情绪管理方法。

方法一：放大法

有一个小和尚心情特别不好，他去找老和尚说："您说，我这情绪怎么这么差，我的心情怎么这么不好？师父，您有什么方法吗？"老和尚拿一支毛笔在水杯里涮了涮，墨汁把杯中水都染黑了。老和尚问小和尚："你看这水黑吗？"小和尚说："嗯，很黑。"老和尚走到院里边，院里边有个水池子。他将一杯墨汁倒进水池子里边，说："你看这水黑吗？"小和尚看了看说："师父，一开始黑，后来就透明了。"

老和尚指着远处浩荡的长江说："如果我将这杯墨汁倒进长江里边，它会黑吗？"小和尚说："不会，师父，您倒一桶墨汁它也不会黑。"老和尚说："你要明白，人生的烦恼就像墨汁，它一定会来的。"每个人都会有自己的烦恼——徒弟有徒弟的烦恼，师父有师父的烦恼，王侯将相、贩夫走卒，各自有各自的烦恼。菩萨烦恼是因为慈悲，凡人烦恼是因为贪爱。遇到烦恼，要做的不是躲避烦恼，而是放大自己的心。

如果你的心只有水杯这么大，很容易就被烦恼占据；如果你的心有水池子那么大，一开始有点烦恼，慢慢地它就平静了；如果你的心像长江那么大，再多的烦恼也没有办法沾染你的心。

这种方法就叫放大法，放大自己的心灵，烦恼自消。那么，怎么放大呢？特别简单，关心天下人，关注天下事，让自己活得大气一点。有个学生对我说："老师，我现在毕业了，有车有房了，有了一定的事业平台了。所以，我以后扎根北京，六环以外再发生什么事，我都不管了。"我说："你的心就比五环多一环。"这么大点儿心，将来烦恼肯定是很多的。所以，一个人报纸要看，新闻联播要看，天下大事要关心，宇宙深处也要关心……宇宙有没有尽头？人生有没有终点？我们生从何来，死往何地？从哲学上讲，生命的本质是什么？人活着到底为什么？这些东西听一听、看一看、想一想，你的心就大了，心大了烦恼自消。

方法二：反问法

如果放大法不太好用，我推荐第二种方法。有一天，小和尚又来了，他问师父："师父，我学佛为什么？"老和尚说："为了成佛嘛！"小和尚说："师父，怎么成佛？"老和尚说："找到自己的佛性，莫向身外求。"小和尚急了："师父，你们人人都有佛性，我咋就没有佛性呢？"老和尚笑呵呵地说："孩子，你想，问这句话的不就是你的佛性吗？守住这一点，你就找到了自性光明。"这个故事对于情绪管理也特别有意义。学生跟我说："老师，怎么大家都有控制力，我就没控制力呢？"我乐了，说："你想，问这句话的，不就是你的控制力吗？"

多问几遍，你的心就亮了，这就叫反问法。

事到眼前，你准备拍桌子瞪眼睛、发脾气闹情绪的时候，你就做深呼吸，然后反问自己："我怎么就没有控制力呢？我讲了半天，连自己都管不好吗？管不好自己的情绪，我怎么去做大的事业？我跟孩子生气，讲半天道理，我连孩子都不如吗？"当你这样反问的时候，很快，你的内心世界就有光明了。由反问引导反思，由反思带来反省。经常反省，你就会从事后总结变成事前预防。

　　人生于天地之间，要解决好四大关系才能过上美好的生活：一是人和人的关系，这个关系儒家关注比较多；二是人和自然的关系，这个关系道家关注比较多；三是人和规则的关系，这个关系法家关注比较多；四是人与自我的关系，这个关系佛家关注比较多。

如果你的朋友比较多的话，请你学一学儒家，因为儒家帮我们解决人和人的关系；如果你身体总有毛病的话，请你学学道家，因为道家解决人与自然的关系；如果你位高权重、有很多资源，请你学学法家，法家解决人和规则以及人和权力的关系；如果你的烦恼特别多，那就学学佛家，佛家能很好地解决人与自我的关系。

宋江开始指挥作战，经验不多，轻敌冒进，导致一打祝家庄时，队伍陷入了困局。从宋江的失利当中，我们可以发现，新官上任之后，在开展重要工作时，需要注意采取一些有效的方法。

方法一：加强信息情报的收集，发挥"千里眼、顺风耳"的作用

宋江派出去的"千里眼"，锦豹子杨林被活捉了，但是宋江派出去的"顺风耳"，拼命三郎石秀打探消息回来了。石秀到宋江的马前跟宋江说，哥哥，我已经探听清楚了，祝家庄的路都是盘陀路，但是以白杨树为标记，大军凡是遇到白杨树一定要转弯，不管路宽路窄，大路

小路，只要转弯就没有问题，如果不转就有问题。这个重要的情报，不知道挽救了多少人的生命，宋江说好，石秀兄弟带路，全军撤。

在整个一打祝家庄的过程当中，我们只总结一句，兵马未动，情报先行，宋江的情报工作做得太晚了。

还得再说《西游记》，孙悟空在花果山上出世，眼睛中两道金光射到天庭的时候，玉皇大帝做的一件事是什么？没有找雷神、没有找电母，没有找城隍，没有找土地，既没派托塔天王，也没派四大金刚。玉皇大帝派的是千里眼和顺风耳，他吩咐说：你们俩给我探一探，看看情况如何，掌握情报再决定下一步如何发展。这就是工作经验！

方法二：与盟友建立统一战线，获得左膀右臂的帮助

谁是我们的敌人、谁是我们的朋友，这是闹革命最根本的一个问题，动手之前得想清楚。病关索杨雄，给宋江讲了一个重要的思路，他说：哥哥你不要急躁，我提个建议，祝家庄的东边，有一个庄子叫李家庄，庄主是扑天雕李应。一杆长枪，几把飞刀，纵横天下。因为时迁的问题，扑天雕被祝员外三子祝彪一箭射伤，所以祝家庄和李家庄现在已经结仇了，我们不如拜访一下李家庄，获得李应的支持，对打祝家庄是有帮助的。用现在话说，这属于建立抗日民族统一战线，团结一切可以团结的力量，跟日本鬼子做斗争。宋江说，好啊！于是，安顿完大寨军中的事务，宋江带着小李广花荣，领着病关索杨雄、拼命三郎石秀，带了花红礼物、金银珠宝，就到了李家庄。李家庄也是寨墙高垒，护城河深挖，一副严密防守的样子。宋江就对着寨上喊，梁山义士宋江来拜访扑天雕，我们不是来打庄的，不要误会。

那边大总管杜兴出来了，这鬼脸儿杜兴，后来也是一个梁山好汉，他跟这梁山是很亲的。杜兴过河来见宋江，宋江说，你去给我

通个信息，我特意来拜访扑天雕。另外听说他受伤了，我来慰问一下，这有一堆金银珠宝，花红礼物都是我们的一番心意，你去转达一下吧。

杜兴回报说：我家主人受伤有病，卧病在床，没办法相见，下次有机会再见吧。宋江有点不好意思，他很诚恳地说：我理解，李庄主的意思是战斗已经开始了，双方在厮杀，他怕因为见我得罪祝家庄，这我也可以理解。但是呢，确实有情急的事想向他请教，你再给我通禀一下吧。杜兴就和稀泥，一方面告诉宋江，我家主人确实有病，见不了。另一方面，杜兴给宋江提供了最重要的战略情报，这情报比资源，比五千人的部队都管用。杜兴的情报有几个信息。

第一个信息，防备西边，不要防备东边。杜兴说：祝家庄是三头六臂，中间是祝家庄，东边是李家庄，西边是扈家庄，我家主人跟祝彪已经动过手了，结了仇了，所以不会动手。那西边的扈家庄有扈成和扈三娘，都很厉害，你们要防备。

第二个信息，祝家庄里边的路，都是盘陀路，逢白杨树就要转弯才不会迷路，千万要注意，一定得逢白杨树转弯。

第三个信息，祝家庄有前门有后门，要想攻破祝家庄，必须前后夹击，不要只攻一面。

关键时刻，石秀又提了一个问题：如果他把杨树都砍了，我们怎么办？杜兴说：砍得了树不能掘根。树没了，看树根，只要逢树根转弯，一样管用。

这几个信息，成为后来梁山打祝家庄的关键所在。所以大家再想一想，当初如果真的在祝家庄战役动手之前，宋江拜访扑天雕，杜兴展示情报信息，那一打祝家庄可能就成了，那些人可能就不会死了。所以再一次体现出了，宋江急于求成、考虑不周全的管理漏洞。管理的第一步是计划，学员总问我：老师，做事要讲管理，那管理是什么？管理就是做好四件事：计划、组织、领导、控制。第一步就是计划，提前安排就是有计划，没有提前安排就是没计划。第一步没走好，后面的事肯定要出问题，正所谓凡事预则立，不预则废。宋江在做好提前安排方面确实存在一些问题。

方法三：行动之前充分谋划，倾听"智囊和顾问团"的建议

从李家庄回来以后，宋江把众兄弟聚到一起，对大家说：现在我们有两个兄弟，陷在祝家庄里边了，前面有鼓上蚤时迁，后边有锦豹子杨林。第一次打是我鲁莽，在路况不熟的情况下黑夜进兵，这一次我们白天进兵。而且我们有信息了，防西不防东，前后要夹击，逢树根就转弯。这一次我们有胜利的把握。众将说，全凭哥哥安排，我等愿效死力。

宋江指挥人马，杀气腾腾，二打祝家庄。

二打祝家庄，结果比第一次还惨。王英被捉了，秦明被捉了，邓飞被捉了，欧鹏被打成重伤。这边只有林冲活捉了一个扈三娘，打成了四比一的结果。

宋江回到帐中，唉声叹气，整夜不眠。一打祝家庄暴露的问题是情报不准，安排不细，二打祝家庄暴露的问题是谋划调度工作不周全，宋江身边缺参谋部、缺智囊。

宋江上梁山以后，指挥了大大小小很多次战役，几乎每次都带着军师吴用。三打祝家庄比较特殊，它是宋江第一次，也是唯一的一次没有带军师吴用。我们分析原因，可能是第一次指挥战役的宋江，还没有认识到事前谋划的重要性，还没有意识到一个强有力的参谋班子的重要性。当然，此时他尚未意识到军师吴用的独特价值。此时宋江的认知恐怕还停留在占山为王、打家劫舍，指挥一群兄弟洗劫一个小

村庄的状态里。

说到这里，我们谈谈一种棋类游戏——中国象棋。象棋的规则是，士不出九宫，意思是谋士负责在指挥部谋划方案，不必到一线去搞执行。比如三国里的马谡就是一个参军谋士，他离开指挥部到街亭一线去搞执行，结果吃了败仗。

所以谋士只能做策划，不能到一线搞执行，只出主意，不能指挥具体部队。所以大家看《三国演义》，马谡就是一个"士"，诸葛亮拿他当"车"用，让他到街亭去出击，最后马谡失败了。再一次证明，士不出九宫，出主意的人不要到一线搞执行。

在中国象棋中，士的走动叫支士，这个支就是支着儿的支，意思就是谋士负责出主意，统帅负责决断，有谋有断，战役就能胜利。象棋的规则设计体现了中国古人对战略战术的深刻理解，以及在斗争中总结出的高明智慧。

中国象棋的设计思路提醒我们，将旁边要有士，统帅身边要有智囊发挥参谋助手的作用。宋江要想取得攻打祝家庄战役的胜利，他身边必须要有一个神机妙算的谋士。

次日，正在宋江焦虑之际，好消息来了，军师吴用带领阮家三兄弟，以及吕方、郭盛等人到来。真是想谁谁就来啊！小喽啰来汇报，军师吴用带着三阮从山上来了，还带来了一些慰问品，另外带来了一支五百人的部队。宋江赶紧把吴用请进中军大帐，吴用风轻云淡地问宋江，说公明哥哥，战役情况进行得如何。宋江咬着牙说，两打祝家庄都失利了，前后算起来，鼓上蚤时迁、锦豹子杨林、霹雳火秦明、火眼狻猊邓飞，还有矮脚虎王英，这些人都被祝家庄的人给活捉了，所以战斗打到这儿，已经陷入了困境和僵局，不知道应该怎样取胜。宋江说完以后，吴用挥了挥手，笑眯眯地说：哥哥，这次我带来一个锦囊妙计，一定能帮你打破这个铜帮铁底的祝家庄。

说到这儿,《水浒传》总结出一句话,"空中伸出拿云手,救出天罗地网人"。关键时刻的帮助是真正的帮助,锦上添花是小事,雪中送炭才是大事。吴用带来一个锦囊妙计,这条锦囊妙计顺利帮宋江解开了所有困局。

那么吴用的计策是什么?这个计策跟前面讲到的解珍、解宝、孙立、孙新又有什么直接的关系呢?请看下集。

第十四讲
复杂局面提高驾驭力

人们常说"玉不琢不成器"。一个人即使拥有超强的领导天赋，但要想从一个团队的带头人成长为一个优秀的管理者，仍有很长的路要走。而在这个充满荆棘的成长之路上，管理者能否在遇到失败时清醒地认识到自己的缺点并及时调整战略，是决定他个人及至团队成败的关键因素。面对失败，管理者如果从善如流，会让团队绝处逢生；如果刚愎自用，则会让他个人的缺点无限放大，成为整个团队的短板进而造成巨大损失。在攻打祝家庄的过程中，宋江这个梁山的带头人就遇到了这样的抉择。二打祝家庄的失利是宋江指挥不当所致，面对这样的失败，他选择了放下架子，虚心纳谏。那么，宋江听取了怎样的建议，使得梁山反败为胜呢？

众所周知，任何一个领导者的成长都需要一个过程，宋江也不例外。三打祝家庄是宋江指挥的第一次大战役，通过初期的两次战斗我们发现，宋江是出色的人力资源专家，但不是战略大师。他擅长带团队、激励下属，但在组织攻坚战方面，确实存在一些问题。从技术层面讲，攻打祝家庄仓促出兵，缺乏充分的情报，对敌人的兵力部署缺乏必要的了解，甚至连祝家庄的道路情况都不清楚；从战略层面来看，问题更大，只有战斗的决心，缺乏必要的谋划。

《孙子兵法》有云："故上兵伐谋，其次伐交，其次伐兵，其下攻城。攻城之法，为不得已。"宋江指挥部队仓促作战，直接使用了最低级的策略，就是在对手预设的战场上组织大规模攻坚战，结果久攻不下，损兵折将。正在紧要关头，军师吴用带来了好消息。吴用的出场完全改变了战场形势，水泊梁山的部队开始走"上兵伐谋"的路线了，这在战略上是一个飞跃。兵不在多，而在精；将不在勇，而在谋。在斗争中，最大的力量来自头脑。吴用给宋江带来了一个一招制敌的必杀技，这个谋略只有一句话：

最坚固的堡垒都是从内部被攻破的。

整个祝家庄战役的成功完全都在这句话上面。接下来，我们分析一下，水泊梁山是怎么执行这个战略计划的。

前面讲到，一打祝家庄、二打祝家庄，都以梁山的失败而告终，祝家庄战役进入了僵持阶段。双方都整理队伍，研究策略，养精蓄锐，准备第三次开战。

这一天，祝家庄后门外来了一队人马，为首一员大将跳下马来，身高八尺有余，淡黄面皮，络腮胡须，剑眉虎目，胯下乌骓马，手持浑铁点钢枪，腕上悬一条虎眼竹节钢鞭，身背后高挑一杆大旗，上书"登州兵马提辖"，中间斗大一个"孙"字，这位英雄就是梁山好汉病尉迟孙立，这个时候他已经归顺梁山了。

孙立有一个特殊的背景，他跟祝家庄的铁棒教师栾廷玉是师兄弟。军师吴用的妙计就是派孙立利用自己的官府身份和师兄弟的背景到祝家庄做卧底潜伏，准备搞一个里应外合。孙立归顺梁山这件事，栾廷玉还不知道，吴用打的就是这个时间差。孙立打着官军的旗号来到祝家庄的后门自报家门：我是铁棒教师栾廷玉的师弟。

庄兵跑进后堂去汇报，栾廷玉一听，喜出望外来迎接孙立。师兄弟见面寒暄了几句，栾廷玉就问孙立：贤弟，你不在沿海登州防备海贼海盗，跑到这郓州地面来做什么？孙立编了一个足够合理的理由：最近我收到总兵府的一纸公文，调我从登州到郓州把守城池。因为郓州地面出了一伙强人——水泊梁山的草寇，这不，路过祝家庄，顺道来看看师兄，结果听说梁山草寇正在围攻祝家庄。我看庄前贼人人数众多，所以只好绕到后门来见你。栾廷玉就把战斗情况简单讲了一下，说：贤弟，你来了正好可以给我们做个帮手。

栾廷玉为什么特别需要孙立加入战斗呢？因为没有官府背景，祝家庄就是个民团，打一两次行，一旦变成持久战、拉锯战，人数有限、资源有限，恐怕不能持久。而孙立一旦加入战斗，官府的兵力、资源就会源源不断地投入到战场上来，祝家庄就能扭转劣势，增加了战争的胜算。

接下来，栾廷玉就带着孙立等人来见祝朝奉和他的三个儿子。祝朝奉是个很精明的人，多年的斗争经历造就了他机警和狐疑的性格，他基本上是不相信孙立的。双方见面寒暄了几句，孙立介绍孙新、解珍、解宝，说：这三位是自家兄弟；他点着乐和说：这是郓州的公差；再点出邹渊、邹润，说：这两位相貌奇异的是沿海登州的军官。看到独角龙邹润脑袋上的肉球，祝家庄的人都忍不住乐了——这大脑袋上面长了一个小脑袋，登州军官的相貌真是独特。

孙立又介绍车上有自己的家眷、丫鬟、仆人，装的是自己家的金银细软、绸缎被褥，连蚊帐和枕头都一股脑拉来了。看到孙立确实像把家都搬来，祝朝奉的疑虑就消了一半，从满腹狐疑变成了将信将疑。

接下来大家想想，你说病尉迟孙立他要不要使劲儿表现，努力获得祝朝奉的信任呢？答案是"不要"。有些时候，在人际关系当中，我们跟别人合作，当对方由于某种原因不信任我们的时候，我们越强求信任，人家越不信任。这时怎么办呢？方法很简单：

不要强求信任，要强化需要。

只要他需要你，关系就稳定，信任不信任都不重要，你把这需要强化了就可以。两三天后，突然之间，庄门外号炮连天，梁山好汉杀来了。兄弟当中武艺最高的三公子祝彪绰枪上马，杀出庄去，一看对面五百多马军，为首一员白袍小将，白马银枪，后背弯弓插箭，正是梁山好汉小李广花荣。两个人马对马、枪对枪打了几十个回合，不分上下。花荣卖个破绽，拨转马头，转身就跑。祝彪一横枪就要追，祝彪旁边的军官一把就抓住了三公子，说：莫追！这哥们儿外号叫小李广，善于百步穿杨，公子你追过去恐怕会被暗算。于是祝彪不追了，拿枪一点，说：贼人被我打跑了，下次再战。转身回来了。

回来以后，孙立问祝彪：可曾擒得贼人？祝彪说：为首这个大将叫小李广花荣，很厉害，我跟他打了个平手就不错了，没法把他活捉。孙立淡然一笑道：改日我上战场，拿几个梁山贼人，咱们振一振威风，鼓一鼓士气。在水泊梁山巨大的进攻压力面前，祝家庄里能打的人，就是祝龙、祝虎、祝彪，再加一个栾廷玉，上战场每次也就是几百个马军，确实特别需要帮手，需要孙立。当对方特别需要一个人的时候，信任不信任就已经不重要了。这就是不要强求信任，要强化需要。关于这一点，在历史上也有一个著名的例子——张绣降曹可以佐证。

张绣降曹的故事

曹操要跟袁绍决战，史称"官渡之战"。在官渡之战前夕，袁绍和曹操都向张绣伸出了橄榄枝，因为张绣正好在曹操的后方，袁绍希望拉拢张绣，在曹操进攻的时候让张绣来一个背后一刀，抄曹操的后路。曹操为了稳住自己的后方，也想拉拢张绣。张绣有这么一点案底：他跟曹操曾经血战过，先降后叛，最后杀死了曹操的大将典韦、儿子曹昂、侄子曹安民，还有很多亲兵卫队，和曹操是有血仇的。按着常理张绣应该投降袁绍，不过张绣身边有高人，大谋士贾诩。贾诩给张绣讲利害：将军你想一想，你投降袁绍不合适。袁绍兵多将广，势力强大，根本不缺你这点人。曹操势力比较弱，你投到他帐下，他的势力就会大增。锦上添花和雪中送炭，哪个更有价值？这是第一。

第二，曹操号称"奉天子以令诸侯"，你投靠他，说是降曹，其实是归顺大汉，这样做名正言顺。

第三，凡是有雄才大略的人，都不会把个人恩怨放到第一位。虽然你跟曹操有血仇，但是曹操是个有野心纵横天下的人，他迫切地需要在天下人面前表现自己心胸开阔、热爱贤才，你到他帐下去，他不会跟你记仇，而且还会给你一个很好的待遇。

于是在贾诩的劝说之下，张绣就降曹了。果然，曹操不念旧恶，封张绣为侯，跟张绣结为儿女亲家。张绣在官渡之战中发挥了巨大的作用，而且一直到曹操死的时候，他都没有跟张绣算过去的旧账。

曹操真的喜欢张绣吗？一点也不喜欢，你想他都把曹操的儿子弄死了。但是为什么两人关系这么稳定？答案是"需要"。这就是强化需求的价值。

吴用跟孙立已经盘算过，以祝朝奉这样的老江湖，孙立不可能获得他的充分信任，但是没关系，此时梁山大兵压境，祝家庄的民团最需要的是官府的支持，孙立正好是登州兵马提辖，有官方背景，这是他们最需要的。孙立只要不断强化对方的需求，就能保持关系的稳定。接下来，梁山团队启动了三个威力很大的策略。

策略一：麻痹对手，创造机会，示强策略和示弱策略相结合

孙立到祝家庄后过了五天，这一日突然之间，祝家庄外喊杀声四起，炮号连天，小庄丁进厅堂禀报说：梁山人马分几路前来攻打。祝朝奉命令点队，出战。两阵对垒，再加上祝家庄一边是铁棒教师栾廷玉，祝龙、祝虎、祝彪，旁边是孙立、孙新、解珍、解宝，全部排开了，对面梁山好汉，黑压压，密匝匝，兵山将海，一眼望不到边。

宋江在马上指点着祝朝奉，大喊一声：哪位将军与我捉拿这个仇敌？第一个出场的是豹子头林冲。林冲飞马冲到阵前，这边大公子祝龙说：我来战林冲。梁山好汉第二个出阵的没遮拦穆弘。这边二公子祝虎出来了，大战穆弘。梁山阵上第三个出马的是病关索杨雄，杨雄拿了一条枪，大吼一声，冲到阵前，这边三公子祝彪飞马来迎战。六员将，就打成了一片，场面煞是好看。

打着打着，孙立策马到栾廷玉的马前，大喊：师兄，我看他们都占不到便宜，不如我来打一阵。没等栾廷玉说话，祝朝奉在马上拱手，高喊：孙提辖，有劳你了。他是真希望官军上阵啊！一见孙立冲到阵前，奇怪的事情发生了，林冲、穆弘和杨雄拨马就走，被孙立吓跑了。孙立拿枪一点，说：对面梁山贼人，谁与我战？宋江马后边一

匹马跑出来，马上端坐一员大将，此人正是拼命三郎石秀。大家很少见到石秀骑马打仗，这一次他出马了。

讲到这儿，我们分析一下：在孙立出马之前，大公子祝龙跟林冲打了五十个回合没分胜负，难道八十万禁军教头打不过一个民团的副总领队？其实这是装的，故意示弱于人。梁山这次的策略就是在场面上示强，在交锋上示弱，搞一个声势浩大的进攻，让对手感觉到压力，同时让林冲、穆弘和杨雄不要取胜，打个平手就可以。在巨大的压力下，让敌人感觉到还有希望。通过一个示强一个示弱，更加凸显病尉迟孙立的价值，所有安排都是为了强化孙立的价值。孙立大吼一声，跟石秀打在一起，很快就活捉了石秀。当然，这都是石秀提前安排好的。

活捉石秀以后，祝家庄的人马回到庄里，孙立问祝朝奉：我们擒得几个梁山的贼人？祝朝奉掰着手指头开始数人头，从一打祝家庄之前开始：第一个是鼓上蚤时迁，接下来是锦豹子杨林、镇三山黄信，然后是一丈青扈三娘又捉了矮脚虎王英，接下来在战场上捉了秦明和欧鹏，再加上孙立活捉的拼命三郎石秀，一共捉了梁山七条好汉。而且祝朝奉特意强调：石秀这个贼人就是当初火烧祝家店，引起跟梁山战斗的始作俑者。

这时孙立说了一句特别玄妙的话："一个也不要坏他，快做七辆囚车装了，去些酒饭，将养身体，休教饿损了他，不好看。他日拿了宋江，一并解上东京去，教天下传名，说这个祝家庄三子。"

孙立的话里有两个层次。第一层是别伤害了他们，也别饿坏了他们，否则就不好看了。在这里，孙立以好看不好看为理由保护了七条好汉的安全。为什么要在乎好看不好看呢？孙立给出的理由是，将来咱们要到东京汴梁向皇帝献俘邀功，所以必须要注意好不好看的问题，这很显然是在忽悠祝朝奉。可是祝朝奉根本不懂官场上那些事，他就是个土财主，一听说有机会去东京见皇帝请功，他就特别兴奋。

第二层是所有行动都对祝家的三个儿子有好处。孙立特别强调了一句话：天下人都传名，颂扬你祝家三子是英雄好汉。中国人的传统观念就是望子成龙，祝朝奉年事已高，他的希望全在三个儿子身上，一想到儿孙们能见到皇帝，还能名扬天下，他就格外激动。所以，这些扬名露脸和望子成龙的想法冲昏了祝朝奉的头脑。其实，从旁观者的角度来看，一个陌生的外来人要保护七个贼人的安全，还要管酒管肉让他们舒心，这说明什么？明摆着他们就是同伙嘛。但是祝朝奉没往这方面想，生活的经验证明，凡是动了虚荣心、得失心、利益心的人，往往会失去理性。在人生的路上，如果控制不住心里的一个"贪"字，我们就会把自己绊倒。就在祝朝奉安置七条好汉的同时，孙立他们也没闲着，几天之内，把祝家庄的防御情况摸得清清楚楚，并且制定了有针对性的行动方案。

策略二：破除两难，解决矛盾，可控策略与失控策略相结合

可控策略和失控策略的结合是驾驭复杂局面的一个高级技巧。

话说这边孙立做好了充分的准备。第五天的早晨，祝家庄外杀声震天，梁山人马全伙出动，报事的庄丁脸都吓白了，哆哆嗦嗦到堂上来汇报：东门、西门、南门各处都杀来梁山人马。祝朝奉紧急分兵派将，让三个儿子和栾廷玉都带领人马出庄迎敌，这一下祝家庄可就空了。

孙立悄悄地做好安排，好汉们开始分头行动，邹渊、邹润拿着板斧摸到囚车旁边，两个人"咔嚓、咔嚓"几下就把囚车都砍开了，囚车中的七条好汉像七只老虎从笼子里蹦出来一样，拿着刀枪杀向了祝朝奉的内宅。

解珍、解宝在后院放起一把火，一股黑烟冲天而起。母大虫顾大嫂拎着两把尖刀开始在院中杀人，整个祝家庄就乱成一片。

祝朝奉往东走发现对面全是梁山好汉，往西走抬头看对面也是梁山好汉，眼看走投无路，准备投井自杀，结果迎面碰到拼命三郎石秀，仇人见面，分外眼红。祝朝奉一句话都说不出来，瞪红了眼睛，瞅着石秀大喊一声："你！"还没等往下说呢，石秀上前来一刀就把祝朝奉的脑袋砍下来了。看到庄里火起，庄外面的祝龙、祝虎、祝彪发现势头不对，祝虎拨马往回走，抬头看到孙立，孙立挺枪大喝一声：你往哪里走？听完这句话，祝虎全明白了，这是上了人家的圈套。祝虎拨马又往回走，背后来了小温侯吕方、赛仁贵郭盛，两个白袍小将，一人拿一个长戟，一起用力，"扑哧"一下将祝虎搠倒在地上，小喽啰上来乱刀将祝虎剁为肉酱。

那边祝龙一看庄子不能回了，转身就往北边跑，侧身眯眼睛一看，解珍、解宝杀了庄客正往火堆里边扔，场景特别惨烈，祝龙心惊肉跳、慌不择路，一抬头，迎面正是黑旋风李逵。李逵抡着两个车轮板斧，光着膀子，哈哈大笑说：来来来，吃俺一斧。射人先射马，擒贼先擒王。李逵根本不砍祝龙，一斧子下去，就把祝龙的马的一条腿给砍断了。祝龙仰面朝天摔于尘埃之上，李逵跳上前去，"咔嚓"一斧子，把祝龙的脑袋剁下来了。

三公子祝彪最机灵，一看庄也不能回了，拨马就奔扈家庄来了。但是祝彪忘了一件事，扈家庄已提前跟梁山和解投降了，祝彪刚到庄前就中了埋伏，扈家庄的公子扈成安排手下人趁祝彪不注意，一拥而上，把他捆了个结结实实。扈成说：对不起了三公子，我妹妹被梁山给活捉了，我要拿你换我妹妹。所以押着祝彪出了扈家庄。走不远，迎面碰上黑旋风李逵，这李逵杀得浑身是血，两个眼睛都红了，看见扈成和祝彪，大吼：来来来，拿命来。一帮庄客都吓跑了。李逵抡起板斧,"咔嚓"一斧子把祝彪脑袋也砍下来了,回头又要劈扈成。扈成一看形势不好,庄子也没回,拨马落荒而逃。据说他逃到陕西延安府投军做了一员大将,后来还成了抗击西夏的一个英雄。

扈成走了以后,李逵带着手下人冲进扈家庄,不由分说,满门老小全部杀死。金银财宝全部抢光了,一把火将整个扈家庄烧成白地。

所以,梁山好汉扈三娘跟李逵是有血仇的,后来扈三娘没办法,不得已嫁给矮脚虎王英。

整个祝家庄战役在一天之内顺利结束。宋江正在这儿检点战利品,李逵就来了。《水浒传》是这么写的:"只见黑旋风一身血污,腰里插着两把板斧,直到宋江面前唱个大喏,然后说道,'祝龙是兄弟杀了,祝彪也是兄弟杀了,扈成那厮走了,扈太公一家都杀得干干净净,兄弟特来请功。'"李逵的逻辑就是,杀人是成功,是本事,我杀了人,你得奖励我。所以李逵叫天杀星,他只知道杀。

宋江一拍桌子说:你这黑厮,随便乱杀人,不服从我的军令,本该处斩。但是,念在你杀了祝龙和祝彪,将功折罪,不奖也不罚,你给我退下,下次再违我军令,定斩不饶。

大家想想,宋江为什么会纵容李逵呢?是宋江糊涂吗?其实不是,这背后藏着水泊梁山的一套控制驾驭局面的策略和方法。请大家注意,一般情况下我们要讲制度、讲规范,强调局面的可控,但是在某些特殊情况下,只有使用一些失控的策略才能破解进退两难的局面。宋江用李逵,用的就是他耍脾气、耍性子,用的就是他失控。

同理,刘备用张飞,曹操用许褚,道理都是一样的。在中国的历史文化中,我们看到一个特殊的现象,做大事的人身边都有两个人,左边有一个摇扇子的,右边有一个抡板斧的。摇扇子这个人光动脑子解决高级问题,抡板斧这个人会拍桌子,解决低级问题。这两个人都安排好了,领导居中调度,空间也就大了。所以做大事的时候,摇扇子的和抡板斧的都是不可或缺的。

做事情的时候能用一个人的优点推动工作，这叫水平，能用一个人的缺点推动工作这叫超水平。做小事要有水平，做大事得有超水平。

攻下祝家庄以后，梁山启动了第三个策略。

策略三：考虑全局，以点带面，差别策略与个别策略相结合

祝家庄战役成功以后，宋江关注了两个人。第一个人是铁棒教师栾廷玉，宋江派人去找，发现栾廷玉死于乱军当中。宋江感叹地说：可惜了这条好汉。栾廷玉是孙立的师兄，能跟林冲打平手，宋江的感叹体现了他的爱才之心。

宋江关注的第二个人是给石秀指路的钟离老人。祝家庄战役结束之后，本来宋江跟吴用商量，要把整个祝家庄荡平，结果拼命三郎石秀站出来反对。因为祝家庄里还有一位救了石秀的钟离老人，而且钟离老人还给梁山指了路，带了信，才取得今天的胜利。宋江一跺脚说：贤弟，你说得对。这就是，我们要研究个别案例，以便制定差别策略。宋江赶紧把钟离老人请过来，给了他一大包金银珠宝，说：谢谢老丈帮助我们，你这么善良、仁义，所以我们决定不屠祝家庄，你救了全庄的人。钟离老人连声致谢。宋江说：我们在这儿作战确实给你们全庄人添了很多麻烦，所以给每家每户送一担粮米以表寸心。你看，从屠杀策略变成了救济策略。这里，我们对梁山的决策机制很佩服。

机制一：关注个别案例。领导者要学会关注异常、关注个别，通

过研究异常和个别来制定针对性策略，这方面宋江做得不错。

机制二：倾听基层的想法。由于对待群众做得好，战斗结束之后老百姓皆大欢喜，人人称颂梁山是忠义的部队。

宋江检点战利品，粮草、军器、牛羊、车马收获无数，还活捉了五六百个祝家庄的庄丁，扩大了梁山的队伍，而且还抢了五百多匹好马。还有一个巨大的收获：得了几员大将！

三打祝家庄直接上山的是八个人：病尉迟孙立、小尉迟孙新、双尾蝎解宝、两头蛇解珍、出林龙邹渊、独角龙邹润，再加上铁叫子乐和、母大虫顾大嫂，以及后来上山的扑天雕李应、鬼脸儿杜兴。好汉都上梁山了。宋江满心欢喜，祝家庄这一仗不仅消灭了仇敌，而且又得粮米，还扩大了队伍。

不过，人一多了，问题也来了：粮米好安排，金银珠宝好安排，可是英雄好汉不好安排。这么多人，谁高谁低，谁先谁后，谁大谁小？最终，这么多英雄好汉到底是怎么安排的？里边又有怎样的策略呢？请看下集。

第十五讲
座次里的讲究

古往今来，成功的管理者都是求贤若渴的，他们深知人才的重要性。然而，团队中人才多了就会有分工、讲先后，这"座次"的安排是否得当，直接影响团队的工作效率、内部团结与人员稳定。如果队员信服管理者的安排，他们的能力就会得到最大程度的发挥；反之，则会挫伤他们工作的积极性，甚至造成人才流失。因此，人事安排中排"座次"有着很大的讲究。作为梁山领头人，宋江就面临着这个巨大的难题。水泊梁山上的一百零八位好汉，个个身手不凡，性格迥异。那么，作为一个优秀的管理者，宋江到底采用了怎样的策略，让众好汉信服他的座次安排呢？宋江的用人之道又是如何体现职场管理智慧的呢？

读《水浒传》有一个诀窍，就是时刻把握核心问题。这本书有三个核心问题。第一个是领导权问题。宋江是山东郓城县衙的押司。什么叫"押司"？"押"者公章也，"司"者管理也。押司就是管公章的秘书，顶多是个办公室主任，而且他文武都不出众，面貌黝黑，五短身材。宋江就有这个本钱，却在英雄荟萃的水泊梁山成为人人信服的领导者,这事件确实耐人寻味。第二个问题是班子团结问题。从王伦到晁盖,再到宋江,都有矛盾冲突。王伦被杀后晁盖上任,晁盖到死也不肯把领导权交给二把手宋江。班子团结应该注意什么问题,副职应该怎么当,这两个问题我们在《水浒智慧》第一部和第二部里都详细讨论过。今天我们要研究的是第三个问题,也是我最关注的问题,就是干部安排问题。

水泊梁山是个弹丸之地,十万大军一百零八条好汉,相当于在一个公司里安排108个经理、副经理,更可怕的是,这些人都是江湖人物,安排得好,认你是大哥,安排不好,拿板砖拍你。在这样的背景下,宋江把团队安排得那么和谐、稳定,座次领先的不趾高气扬,落后的也不垂头丧气,体现了十分高明的人事策略。

很多读者都以为《水浒传》中的英雄好汉都是被逼上梁山的,其实"逼上梁山"的是少数,我们来看看英雄上梁山的四种模式。

模式一:赚上梁山

有一些人属于赚上梁山,典型代表人物有金枪手徐宁、扑天雕李应,最典型的是玉麒麟卢俊义。比如宋江和吴用精心设计,把卢俊义搞得妻离子散、家破人亡,差一点丢了性命,最后把他赚上梁山。类似的还有美髯公朱仝、神医安道全、圣手书生萧让、青眼虎李云、玉臂匠金大坚,还有一个大英雄——霹雳火秦明。秦明上梁山是最冤屈的。宋江指挥矮脚虎王英、锦毛虎燕顺他们这帮人把秦明灌醉了,穿上秦明的铠甲,扮成秦明本人,到了青州城外杀人放火,导致青州知府带着一帮报仇的百姓把秦明全家老小都宰了。秦明亲眼见到自己的老婆孩子惨死在城头之上,之后被赚上梁山。这里面有两不该。

第一不该:青州城外的老百姓是无辜的,不该被杀;

第二不该：秦明家的老婆孩子是无辜的，不该被杀。

赚上梁山的这些英雄心里一般都有一个字——"屈"。我大概统计了一下，这样的人在《水浒传》里一共有十二个人，七个天罡星、五个地煞星。

模式二：逼上梁山

第二种模式才是逼上梁山，这是大家知道的最多的一种模式。最典型的是豹子头林冲，他被恶人算计、官府迫害，走投无路之下，一跺脚就上了梁山。除了林冲，还有行者武松、金眼雕施恩、神机军师朱武、跳涧虎陈达、白花蛇杨春，还有两头蛇解珍、双尾蛇解宝，包括闹江州的时候上山的戴宗、宋清，跟着林冲受牵连的鲁智深，都属于逼上梁山。共有十六个人，九个天罡星、七个地煞星。

逼上梁山的人心里也有一个字——"恨"。恨贪官，恨恶人，恨不能手刃仇人。

模式三：降上梁山

第三种模式是降上梁山。官军的军官，与梁山作战战败后被俘，然后心服口服就加入了梁山团队。最典型的是大刀关胜、急先锋索超、双枪将董平，还有双鞭呼延灼，都属于降上梁山。这样的人还有像丑郡马宣赞、神火将军魏定国、圣水将军单廷珪、百胜将韩滔等。

这类人一共十八个，五个天罡星、十三个地煞星。这些降上梁山的人心里有一个字——"服"。

模式四：退上梁山

第四种模式叫退上梁山。就是做下惊天大案，被官府追杀，走投无路，到梁山避祸。这里最典型的就是七星聚义，晁盖[①]、吴用、公孙胜、立地太岁阮小二、短命二郎阮小五、活阎罗阮小七、赤发鬼刘唐、白日鼠白胜，因为截了生辰纲，不得已上梁山了。另外还有江州团队里的童氏兄弟童威、童猛，张氏兄弟张横、张顺，穆氏兄弟穆弘、穆春，以及孙立、孙新、杨雄、石秀，都属于做了大案，不得已退上梁山。

这些人心里也有一个字——"躲"。这些人是人数最多的，共有三十七个，其中十五个天罡星，二十二个地煞星。

可以看出，梁山团队的来源大致分为：赚上梁山、逼上梁山、降上梁山、退上梁山。其中退上梁山的人数最多。根据这些模式，我们总结出几个结论。

第一个结论：逼上梁山不是主流，不得已上山的才是多数。逼上梁山的人占少数，主要是退上梁山。

第二个结论：造反意志不坚决的大有人在，相当一部分人对朝廷和官府还有强烈的认同感。比如那些赚上梁山和降上梁山的人，这些对官府有认同感的人数超过一半，他们成为《水浒传》最后招安的主要支持者。

第三个结论：讲了半天替天行道，其实多是为了个人私利。在梁山团队中，想为老百姓做事的人并不多，相当一部分人都是想打家劫舍，打的是自己心里的小算盘。

通过这样的分析我们就知道，梁山团队是一个表面上看起来英雄汇聚，但其实特别复杂的团队。把高大上的外壳揭开来以后，会发

[①] 晁盖不在梁山好汉之列，故"七星"不包含晁盖。

现里边存在大量的问题、矛盾、冲突。人跟人水平不一样、境界不一样、能力不一样、动机不一样。这么复杂的团队，应该怎么管，特别考验宋江。没有英雄做不成事，英雄一多就容易出事。所以宋江在英雄排座次这件事上确实煞费苦心。

首先，特意安排了一个神一样的环节，既然是神一样的环节，就一定要有点儿神秘色彩，这个环节叫"开天眼""得天书"。宋江语重心长地跟兄弟们说：梁山英雄聚义得到了上苍相助，很多胜利都是借天之力，所以一定要祭天。那么谁来主持这个仪式呢？现成的人选就是入云龙公孙胜。结果，祭天结束当晚就发生了怪事，西北乾天出现一个红点，越来越大，两边细中间宽，如同一张嘴在喷火，火焰口里掉出一个东西，直接钻到祭天台旁边的土里去了。宋江安排小喽啰来挖，大约刨了一米多深，发现一块石碑，石碑上龙章凤篆刻，都是蝌蚪文字，在场众人完全看不懂。祭天台上的道士当中有一个人挺身而出，要破解这些文字，这个人叫何玄通。在《水浒传》当中，何玄通只出现了这一次，但是这个人特别重要，他跟众好汉说：我家祖上传下来一本书，讲的专门是怎样解读天书。这相当于告诉大家，你们拿到天书，我有一本书可以解读天书，所以破解天书我有办法。宋江喜出望外，他说：何道长，那就有劳你了。

何玄通将石碑仔仔细细看了一番，然后告诉众人，石碑上写的全是英雄好汉的名字，正面三十六个，背面七十二个。宋江就让何道士将这些名字一一念出来，并让圣手书生萧让做记录。于是一份三十六个天罡星、七十二个地煞星的名单就出炉了。

大家想一想，这个到底是天意安排还是人的安排？其实，这是宋江、吴用、萧让、公孙胜专门安排好的。为什么要在排座次之前安排一个得天书的环节？下面这段对话就给出了原因。萧让把名单在黄裱纸上用正楷字都誊清了，宋江说了一句话："上天星应，何当聚义，今已数定,分定次序,各头领各守其位,各休争执,不可逆了天颜。"意思就是,大家不要争,谁先谁后是老天爷安排好的,你不能逆天。结果,众好汉回答:"天地之意,礼教所定,谁敢违拗?"

宋江借助一种神秘的力量增加了自己的权威性,这是那个年代的普遍做法。大家想一想,中国古代农民起义大多数都跟某种神秘的"宗教活动"相结合,从黄巾起义到太平天国,皆是如此。

现在有了说服力,宋江开始认认真真地安排107个兄弟的座次和职能。我研究了一下,梁山排座次有三个基本规律。

规律一:重而不用,提高知名度、美誉度

在进行组织变革和人事调整(排座次)时,宋江先是通过公孙胜等人弄了个石碑,假称天意,减少团队内部因为封赏与排序而产生新的矛盾,确保了组织分工及治理结构与使命愿景的协同。在梁山排座次中,我们看到宋江将人力资源策略用到了极致。

大家都觉得人才要重用。其实,说到重用二字,"重"和"用"是两回事,关胜是重而不用的代表人物。梁山领导班子有五个人:及时雨宋江、玉麒麟卢俊义、智多星吴用、入云龙公孙胜、大刀关胜。

关胜是投降的朝廷将领,从价值观到生活方式,跟梁山好汉完全不一样,既没有忠诚度,又没有依赖度,也没有认同感。为什么让关胜进领导班子,而把林冲、武松、鲁智深这些人都排斥在外?道理很简单,关胜姓关,是关公的后人。而且关胜名满天下,把这样的人排进领导班子,借的是他的名声。但是,作为梁山的第五把手,虽然他的身份是领导班子成员,但实际上就是个普通武将,没有任何重要事情让他去做。所以,对有名声、忠诚度不够、文化价值观不一致的人,只给地位,不给权力,这叫重而不用。关胜进了领导班子,显示

梁山团队是一支忠义的队伍，知名度、美誉度就上去了。但要是时迁进了领导班子，那梁山就成了纯粹的贼窝了。

规律二：用而不重，在任用能人的同时，降低管理风险

神机军师朱武是一个很独特的干部，宋江基本上拿他当副参谋长使。每次打仗，宋江和吴用领一支人马，卢俊义和朱武领一支人马。朱武至少在军事上是水泊梁山的第四把手，地位很高。吴用在的时候，朱武做吴用的副手；吴用不在，朱武自己挑大梁。《三国演义》里有诸葛亮、庞统，《水浒传》里有吴用、朱武，然而朱武在梁山只排名第三十七位，权力很大，但级别不高。

朱武厉害在哪里呢？他的口才特别好，他的说服技巧在梁山里是最棒的。朱武的口才到底是怎样的呢？我们在《水浒智慧》第二部的开篇就讲到了。梁山一百零八条好汉，按照出场顺序，排在第一个的是九纹龙史进。史进这小伙子，人长得帅，而且武功很棒。史进的出场跟高俅的飞黄腾达有一定关系。高俅发迹后为了报私仇，就排挤禁军教头王进，王进为了逃离高俅的控制，去寻找新出路，于是到了史家村，收了史进做徒弟，史进武功进步非常大。少华山二寨主跳涧虎陈达带一队人马杀奔史家庄，没几个回合就被史进活捉了。杨春和朱武步行到庄前，双双跪下，眼里噙着泪，史进下马，问："你俩为什么跪着呀？"朱武"哇"的一声就哭了，说："史大郎，我们三个是被迫落草的，现在你把陈达抓了，我们也来送死。"朱武考虑到用拳头没有办法打败史进，只好用舌头解决。他采用同情策略、互惠策略，征服了史进。史进不仅放了陈达，而且和朱武成了朋友。朱武作为寨主，在关键时刻能够跪下来求别人，一边跪一边哭，说明朱武能受得了委屈，有超强的自律和自制能力。在梁山团队里这是很难得的品质。能

文能武的朱武有一番成就大事的气象。

宋江对朱武的安排就是：给权力，不给地位。这个策略适合用于一些有才华的年轻人。在人力资源领域，这叫阶段式成长策略。举个例子，有一位企业家对我说："我挖了一个营销人才，准备重用。"我问："你准备怎么用？"他说："我退居二线，当董事长，让这个小伙子当总经理，公司全交给他。你说怎么样？"我说："不怎么样！他一来，你就让他做二把手，对他对你都是伤害。他以后还要不要奋斗？他奋斗就得把你顶走，这样他才有前途；他不奋斗，就难以发挥自己的水平，你的工资和奖金就白发了。"这位企业家问："那你说怎么办？"我说："很好办！我们学宋江。公司有丰富的职位资源，他不是营销人才吗？很简单，营销部门有部门总经理助理、部门副总经理、部门资深副总经理、部门常务副总经理、部门代理总经理、部门总经理，这就六级了。再往上，公司有总经理助理、副总经理、资深副总经理、常务副总经理、代理总经理、公司总经理，又有六级了。这十二级年年有提升，岁岁有成长，每一步都有未来，一直干到终点。管理就是设计，你要从人性和需求出发，给他设计一条成长路径。"

规律三：忙而不乱，人人有事做，处处忙起来

大家想一想，宋江其实挺难的，在梁山这个弹丸之地就聚集了一百零八条好汉。这些人如果整天闲着，就会出大事。闲则生事，闲则生病，闲则生乱。宋江面临的问题就是梁山团队岗位很少，英雄很多，不能让大家闲下来。

于是宋江在梁山团队中他做了特殊的安排：掌管杀猪头领一名，操刀鬼曹正；掌管种菜头领一名，菜园子张青；掌管缝纫头领一名，通臂猿侯健；掌管酒宴头领一名，铁扇子宋清；掌管修房子头领一

名，青眼虎李云。大英雄负责大事，小英雄负责小事，能人负责难度大的事，庸人负责平常的事。

通过种种分析，大家会发现，其实《水浒传》在打打杀杀背后有很多道理和多规律值得我们关注和研究。如果大家听完我讲的四部"三国"①、四部"水浒"②就会发现，我们并不是用文史哲的框架来分析的，使用的是另外三个角度——管理学、心理学和博弈论。这是新的角度、新的解释方式、新的传播方式。老三条是"文史哲"，新三条是"管心博"，借助新三条，我们发现了传统文化中不一样的精彩。关于阅读传统名著，我有两个建议。

建议一：读得慢一点

读得慢一点，不要读太快。一句话、一个人物，甚至一个字你都不要放过，认认真真地读，一天就读一句，使劲儿琢磨，把它琢磨透了。什么叫琢磨透了呢？就是一件事你能举三个例子：

第一，举一个古人的例子；

第二，举一个现代人的例子；

第三，举一个你自己身上的例子。

如果你能把这三个例子都举出来，说明这道理你领会透了。我们读得慢一点，理解得透一点，到后来你就读得越来越快了。所以慢就是快，如果你总想速成、囫囵吞枣，折腾上两三年就跟没读过一样，所以快反而就是慢。

---

① 分别指《向诸葛亮借智慧》《跟司马懿学管理》《刘备的谋略》《曹操的启示》。
② 指《水浒智慧》(1~4部)。

建议二：研究作者的背景和倾向

读这些有思想、有文化的名著，最好先研究一下作者的背景和倾向。比如阅读《西游记》，随便在街头采访一个路人，他基本会说看过《西游记》。其实大多数人看的都是六小龄童领衔主演的电视剧版《西游记》，真正要读《西游记》，得看吴承恩老先生的原著。开篇第一句，"东胜神洲。海外有一国土，名曰傲来国。国近大海，海中有一座山，唤为花果山"。你从这一段开始读，我相信很多人读不到三页就犯困，扛不住了。为什么呢？吴承恩老先生一辈子写了一万多首诗，没地方发表，怎么办？全都一股脑儿塞到《西游记》里了。《西游记》里孙悟空大战黑熊怪，两个人各拿兵刃，咬牙切齿，飞沙走石，天昏地暗，"嗷"的一声，一人作一首长诗。大家想想，是神仙、妖怪喜欢作诗吗？不是，是作者喜欢作诗。一本书的作者会把自己的倾向表现在作品里，表达在人物身上。

我们看一本书，如果看了作者背景、作者倾向，就不会被误导。大家要明白，任何一个学科都是深刻的片面，任何一部作品都有作者的倾向，每个人的心都是偏的。我们如果想通过阅读、学习来获得有益的知识，要提前看一看作者的背景和倾向，防止被他的倾向和偏见给误导了。

从总体上讲，人的学习模式大概可以分成四种：

第一种是知了式，声音不小，叫来叫去什么内容都没有；

第二种是蚂蚁式，付出不少，搬来搬去都是别人的东西；

第三种是蜘蛛式，投入很多，编来编去也就是自己那点东西；

第四种是蜜蜂式，博采众长很辛苦，通过广泛收集、认真积累，然后再不断地转化、融会贯通，最后形成最有价值的东西。

综合来讲，蜜蜂式学习才是最有效果、效率最高的模式，这种点滴的学习是我们进步的关键所在。学东西的时候，不能贪多，不能急于求成。饭要一口一口地吃，书要一点一点地读。《老子》里有一句话："天下大事必作于细，天下难事必作于易。"最伟大的事业也是每天积累一点小小的收获，天长日久积攒出来的。

成功大概由三个词构成，第一个是热情，第二个是坚持，第三个是把小事做好。

人生是一幅壮丽的画卷，但这个画卷是十字绣，别看图案特别壮丽，但基本动作极其简单。只要每天把基本动作做好，有热情，能坚持，把小事落实到位，天长日久，自然会编织出壮丽的画卷。

最大的成功，就是差一点失败；而最大的失败，就是差一点成功。

这一点一滴的差别，就是天堂和地狱的差别。能懂得点滴积累的人就抓住了进步的关键所在。每天做点小事，看起来很简单，但能坚持下来，这就非常不简单了。

《水浒智慧》系列节目讲到这里就要告一段落了，从2010年算起来，我在央视《百家讲坛》一共讲了四部三国系列节目、四部水浒系列节目，前后历时十余年，熬过了无数不眠之夜。在这个过程中有很多难忘的感受，最开始的选题报的是"水浒"，后来拍摄的是"杨家将"，之后录制的是"隋唐"，最终播出的是"三国"，然后又回到"水浒"。其实，当机遇来临的时候，我们要有决心在自己没有准备的领域用自己持续的拼搏去创造精彩，创造的过程是苦涩的，创造的结果是甜蜜的。文化的重点在于"文"更在于"化"，就是要把传统"文"化中那些闪光的思想和理念"化"入自己的日常生活中,"化"成每一天的饮食起居、为人处事、鸡毛蒜皮、家长里短。知行合一是学文化的必由之路,只有跨界才能出彩,只有交叉才有机会。

感谢各位读者的支持与关注。传统文化博大精深,《水浒智慧》涉及的仅仅是冰山一角,希望咱们大家共同努力,把优秀的传统文化发扬光大,传给子孙后代。我觉得,这是我们能做的最有意义的一件事。

后 记

我非常有幸，与赵老师认识了12年，合作出版了8本书。

2010年，我第一次去北京邮电大学拜访他，那时他刚刚在《百家讲坛》录制了《向诸葛亮借智慧》。没有想到，接下来这些年，从"三国"到"水浒"，节目一部一部录下来，每一部录制结束，我们就出版一本书。有一次，我问赵老师：从2009年到现在，录了这么多期《百家讲坛》，您有什么体会？他回答说，自己做的事情就是讲述历史人物和故事，分析其中的管理学规律、心理学原因、行为策略，以古鉴今，期望对观众和读者有所启发。但是，随着诸葛亮、司马懿、曹操、刘备以及《水浒传》中的诸位好汉一一出场，这项工作变得越来越难了。因为他对自己有个要求，前面录过的节目中总结过的理论和观点，不论涉及管理学、心理学还是博弈论，都不想在后面的节目中重复。在选取素材、挖掘规律的过程中，第一要让故事有吸引力，第二要符合客观事实，第三要分析得尽量妙趣横生，第四要奉献给读者一个相对完整的叙述，第五要有新鲜的观点。光是想想都让人头大。但是，这就是赵老师的做事风格——绝不含糊。

正是由于他的不含糊，《向诸葛亮借智慧》荣获当年百家讲坛收视率冠军，开创了利用管理学、心理学和博弈论解读传统名著的新角度。随后的2012—2016年，赵老师保持每年一部的速度，分别在《百家讲坛》主讲了《跟司马懿学管理》《曹操的启示》《刘备的谋略》和

《水浒智慧》系列，同名图书也由我们社出版发行，成为管理学领域的长销书。《向诸葛亮借智慧》《跟司马懿学管理》《曹操的启示》《刘备的谋略》先后被韩国引进出版了韩文版。

认识赵玉平老师的人，无不对他的博学和口才印象深刻，古今中外、文史哲学、天文地理，他都能随手拈来，就像一个行走的图书馆。凡是经他的独特视角所表达出来的，又是如此接地气。2022年4月，我们邀请赵老师来社里录制《人际沟通策略》视频课程。他在演播室里一落座，往桌前放上唐僧师徒四人就开讲了。而我们的工作人员听着听着就入神了，完全感觉不到时间的流逝，到了中午饭点，才意识到赵老师已经连续讲了好几个小时。这让我想起当年去央视看他录《百家讲坛》的情形，同样的行云流水、一气呵成，在场的观众一直听到录制结束，还意犹未尽，纷纷向编导询问下一次的录制时间。

殊不知，这一切无不印证了一句话：千锤百炼出深山。赵老师从年轻时候起就一边工作一边潜心钻研传统文化，考入北京邮电大家攻读硕士和博士学位后，又开始从事领导行为理论、管理心理，以及中国古代管理思想的研究。至今，除了日常教学、录节目、写作、出差，他每天坚持阅读2小时，每天坚持录制自媒体公众号"平讲平说"，经常会在深夜3点把校对好的书稿发给编辑，累了就打坐半个小时，第二天又是元气满满。用他学生的话说：赵老师是个铁人，也是个超人。

铁人赵老师同时还是一个理想主义者。2013年，赵老师发起并创立了北京九思书院，目的是在年轻人中传播传统文化，特别是中国古代管理思想的基本知识和研究方法。书院是个公益组织，定期开展传统文化的研习、讲座、体验、公益服务，在校大学生可以免费学习。赵老师每年讲课200余场，每年自筹资金60多万用于支撑九思书院的运营。他说："心中有一片星空，就能超越眼前生活的烦恼，回归对生命的思考。"

后 记

　　《水浒智慧4》是赵玉平老师的第11本著作，也是他的《百家讲坛》系列的第8部作品。在分析《水浒传》打打杀杀的故事背后的道理和规律时，赵老师采用的视角仍然是管理学、心理学和博弈论。我在编辑这部书稿的时候，当看到"一条大河如果在堤坝之内奔流，那它就是资源；如果它冲垮了堤坝，流到外面来，那就是一场灾难。""王婆是一个市场营销的高手，她明白一个道理，要把需求点转化为痛点，才能形成交易。""武大郎美！这边是美女老婆，这边是英雄兄弟，虽然我三寸丁、谷树皮，我也有自己的春天。"这些典型的赵氏语录时，我脑海中不禁浮现出赵老师的一举手一投足，仿佛他就在我的面前，笑眯眯地讲着生动而幽默的故事，每一句话都闪烁着智慧的光。

　　看赵老师的书是一种享受，听赵老师的课是一种享受，与赵老师交谈也是一种享受。有的时候，这种享受会带给我一丝丝愧疚、一丝丝压力——得上进啊，做到赵老师的十分之一也行啊！赵老师曾经说："与其诅咒黑暗，不如举起手中小小的蜡烛。"而他用手中的蜡烛，照亮了很大的一片天空。

李影

电子工业出版社

出版说明

本书以作者在CCTV-10《百家讲坛》所作同名讲座为基础整理润色而成,并保留了作者在讲座中的口语化风格。